華人世界第一本重量級室內燈光設計專書

照明設計終極聖經

從入門到精通，超實用圖文對照關鍵問題，全面掌握照明知識與設計應用

【暢銷更新版】

Contents 目錄

Point 3 照明的配置

Point 6 商業空間的照明應用

Chapter 3 實用與美感兼具的165個照明空間

專業諮詢

光拓彩通照明顧問公司
孫啟能 主持設計師
TEL 02-2732-7367
Email gti@guang-tech.com

沈志忠聯合設計
（X -Line Design Co ., Ltd. ）
沈志忠 創意總監
TEL 02-2748-5666
Email ron@x-linedesign.com

直學設計
鄭家皓 主持設計師
TEL 02-2719-0567
Email contact@ontologystudio.com

原碩照明設計有限公司
陳宇晃 設計總監
TEL 02-2735-7772
Email mail@oldc.com.tw

袁宗南照明設計事務所
袁宗南 設計總監
TEL 02-8752-4091
Email james.yuan168@gmail.com

國立台灣科技大學色彩與照明科技研究所
黃忠偉 教授
TEL 02-2737-6245
Email whang@mail.ntust.edu.tw

普晟照明器材／歐斯堤有限公司
陳芬芳 行政總監
TEL 02-7720-9688
Email service@pclite.com.tw

十田設計顧問有限公司
沈冠廷 主持設計師
TEL 02-2731-6586
Email ttd@tentandesign.com

大湖森林室內設計
柯竹書 設計總監
TEL 02-2633-2700
Email lake_forest@so-net.net.tw

中國電器股份有限公司／東亞照明
曾煥暘 專案工程部協理
徐周弘 照明設計課副理
TEL 0800-003770
Email eservice@chinaelectric.com.tw

尤噠唯建築師事務所
尤噠唯 主持設計師
TEL 02-2762-0125
Email service@sharho.com

台灣飛利浦股份有限公司
彭筱嵐 行銷協理
TEL 02-3789-2916
Email vicky.peng@philips.com

水相設計
李智翔 主持設計師
TEL 02-2700-5007
Email info@waterfrom.com

光合空間室內裝修設計
陳鵬旭 主持設計師
TEL 02-2721-4555
Email servicec@space.com.tw

聯寬室內裝修	04-2203-0568
羽筑空間設計	03-550-1946
二三設計	03-316-5223
大見室所工作室	04-2372-0370
由里空間設計	06-261-9555
璞沃空間	03-435-5999
一格空間設計	02-2747-2518
唯光好室	05-275-2707
御見 YU Design LAB	02-2367-3533
日作空間設計	03-284-1606
柏成設計	02-2351-2998
優士盟整合設計	02-2321-7999
耀昀創意設計	02-2304-2126
大漾帝空間設計	02-8686-0221
大也國際空間設計 / 藝術中心	04-2329-9675
北歐建築	02-2706-6026
隹設計	0919-972-359
方構制作空間設計	02-2795-5231
一它設計	03-733-3294
禾郅室內設計	02-2760-3766
禾邸設計	02-8751-5075
奇拓室內設計	02-2395-9998
理絲室內設計	04-2707-0766
尚展空間設計	02-2720-8568
齊設計	03-668-8555
新澄設計	04-2652-7900
諾禾空間設計	02-2755-5585
絕享設計	02-2802-2937
TBDC 台北基礎設計中心	02-2325-2316
隱巷設計 XYI Design	02-2325-7670
大雄設計	02-2658-7585
大器聯合室內設計	02-2721-0628
森境 + 王俊宏設計	02-2391-6888
只設計 ・ 部室內裝修設計	02-2702-4238
甘納空間設計	02-2795-2733
禾築國際設計	02-2731-6671
汎得設計	02-2514-9098
奇逸空間設計	02-2755-7255
明代室內裝修設計	02-2578-8730
禾光室內裝修設計	02-2745-5186
杰瑪室內設計	02-2717-5669
非關設計	02-2784-6006
品楨空間設計	02-2702-5467
無有建築設計	02-2756-6156
雲墨空間設計	0987-151-064
演拓空間室內設計	02-2766-2589
璧川設計事務所	02-2713-8818
E.MA Interior design 艾馬設計 ・ 築然創作	07-766-2026
FUGE 馥閣設計	02-2325-5019
IS 國際設計	02-2767-4000
KC 均漢設計	02-2761-1661
TA+S 創夏形構	07-338-9083
YHS Design 設計事業	02-2735-2701
奕所設計	02-2704-9955
懷生國際設計	0936-061-161
澄橙設計	02-2659-6906
頑渼空間設計	04-2296-4800
馥御設計	04-2382-2738
珞石設計工作室	02-2500-6833

Chapter 1

照明設計必須知道的觀念

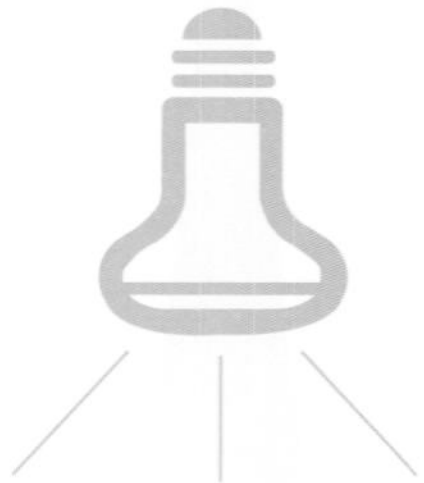

Concept 1

照明設計常見的 12 大 NG

照明是不是照亮空間，讓我們可以看清四周就好呢？缺乏燈光的陰暗空間讓人感到不安全感與不便，但為何在一個很明亮的空間我們仍舊感到不舒服，問題到底出在哪裡？面對常見的照明 NG，選對光源、照明方式與配置得宜，讓問題通通都有解。

NG 01 選用瓦數值愈高的燈泡，產生的亮度就愈高！

購買燈泡時總是一個頭兩個大，賣場陳列了許多實體產品，想選用一個比較亮的燈泡，是不是瓦數值愈大的燈泡就愈亮呢？

ANS 看懂燈具包裝資料，掌握需求不花冤枉錢。

早期白熾燈和日光燈大致都可用瓦數值來判斷亮度，瓦數愈大代表所需電力愈多，燈泡也就愈亮。近年由於LED的發展，相同的亮度（流明值），白熾燈可能要耗掉85瓦（W）電力，LED卻只要12瓦，所以用瓦數來判斷燈泡亮度已經不符合需求，最正確的方法應直接從包裝上所標示的流明值（lumen）來判斷為準。

NG 02 因為節能考量選用所謂的「省電燈泡」，反而沒有省到電！

X

響應節能與環保，也節省家裡的電費開銷，去賣場選購了印有「省電燈泡」字樣的產品，打算汰換掉家裡所有的燈泡，實際上卻沒有比較省電，為什麼？

ANS 燈泡是否省電依據「發光效率」，也就是指每瓦電所發出的光通量。

O

發光效率是指光源每消耗1瓦電所輸出的光通量，單位為lm/W。發光效率愈高代表其電能轉換成光的效率越高，即發出相同光通量所消耗的電能愈少，所以選用真正節能的燈泡，應該以發光效率數值來做最後的判斷標準。至於，常見有特殊燈管外型的省電燈泡，是屬於日光燈的一種，相較於白熾燈它的確可以稱為省電燈泡，但其發光效率不一定會比LED高。

NG 03 想要讓家裡足夠明亮，結果燈光裝太多，有些甚至用不到！

除了主燈打亮空間之外，還搭配間接燈光作為有氣氛的照明，怕太暗又在天花板多裝了幾顆嵌燈，使用後才發現有些燈光根本用不到，就連不想開的燈也會一起亮，不僅不方便又耗電，一開始該如何設計比較好？

X

插畫＿匡匡

ANS 區分重點照明與輔助照明，妥善規劃迴路設計，讓燈光能分別開啟。

居家燈光規劃必須先考量自然光源的日夜變化，再進行人工光源的設計，並視空間屬性安排適當的重點照明與輔助照明。如此才能呈現出完整的照明設計。一般來說，沒有窗戶或離窗比較遠的空間，往往較為陰暗，因此可以將燈光配置與入射光線呈垂直設計，做不同的迴路規劃，讓燈光以一列列的方式逐排開啟。

O

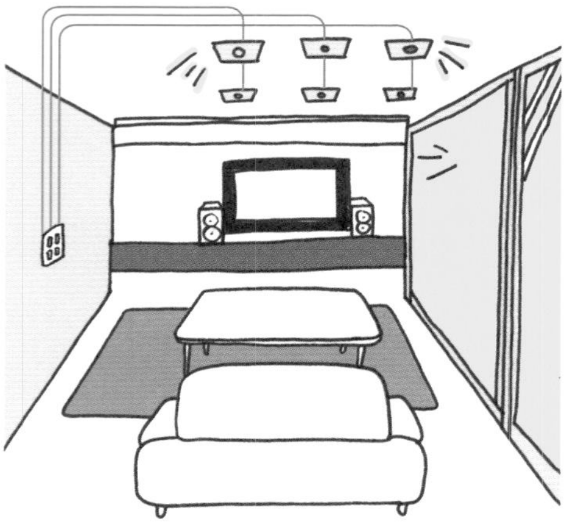

插畫＿匡匡

NG 04 用黃光營造了一個有氣氛的廚房，切菜時卻看不清楚！

X

用餐環境就是要有氣氛，所以連同廚房做了整體的燈光設計，都選用黃光作為主要光源，看起來真的很有情調，但用起來卻不是那樣，問題出在哪裡？

ANS 工作區適用色溫約 5000 K的白光，休閒區適用色溫約 3000 K的黃光。

O

一般而言，選用黃光、白光沒有哪個一定比較好，主要還是以人的視覺感官為主，但如果是強調作業或安全考量的區域，例如：廚房、書房、浴室等，建議最好還是選用白光，視線較為明亮清晰。以廚房來說，除了天花板的一般照明之外，還可於櫥櫃下裝設嵌燈，加強烹飪區的重點照明；如果是用餐為主的餐桌上方，可以選用黃光等高演色性光源為主，不僅營造出氣氛也能增添食物的美味。

NG 05 深夜為了省電，關閉了大部分的光源，家中長輩半夜起床不慎跌跤！

深夜當家人都就寢後，為了節省能源，把燈都關掉只留一盞微亮的小燈，但家中長輩半夜起來如廁卻不慎跌跤，可以如何改善呢？

X

ANS 特定區域加強重點照明，善用感應燈與雙切開關。

家中若有長輩一起居住，由於其體力、平衡力、視力、聽力慢慢退化，我們看起來足夠的光源，對老人家來說其實是不足的。因此，在居家環境的規劃，安全非常重要，在照明配置上更有許多要注意的地方：室內明亮是最基本的要求，在房間與床頭分別都要設置雙切開關，分別置於門口及床邊，方便使用；並在動線上安排感應式夜燈，避免夜晚行走時絆到物品而受傷。

O

NG 06 在天花板多裝了幾盞投射燈明亮閱讀空間，沒想到看書反而很不舒適！

書房的閱讀環境要夠明亮，所以在天花板裝了幾盞投射燈，不僅照亮環境也打亮桌面，但閱讀久了發現光線非常刺眼，不僅看不清字，眼睛也愈來愈疲勞，到底怎麼回事？

X

ANS 天花板裝設光源均質的燈具，並輔以檯燈作為重點照明，注意眩光問題。

功能性的空間對照明的需求較高，例如書房，除了重點照明須達到500 Lux以上之外，燈具如何進行配置也是重點考量，燈具避免裝設在座位的後方，如果光線從後方打向桌面，這樣閱讀會容易產生陰影，可以選擇在天花板裝設均質的一字型燈具、嵌燈或吸頂燈，維持全室基本照度，並輔以閱讀檯燈作為重點照明。

此外，選用漫射性光源為佳，書房照明首要須重視工作區域的適當亮度，像最經常使用的書桌照明，可以將燈光內藏於上方書櫃下緣，或選用防眩光的檯燈作為重點照明，避免直接的投射性光源。

O

NG 07 在客廳天花板裝了一盞設計感吊燈，卻感到空間非常壓迫！

美型的吊燈讓人一眼就非常喜歡，為了營造空間的美感，特地挑選了一個設計感吊燈懸掛於客廳，怎麼愈看愈覺得家裡天花板變矮了，是產生了什麼錯覺嗎？

X

ANS 使用間接照明手法，打亮天花、牆面或地板，延伸空間感。

不管吊燈或是吸頂燈、吊燈，都要以家中最高的人，手伸直碰不到的距離，為所選燈最低的高度，超過３公尺以上的天花板再來考慮裝設吊燈是比較適當的，如果天花板不高又裝吊燈，不僅不會帶來美感，更容易產生視線障礙物。如果本身天花板不高，可以將光源往上打，透過光線的漫射至反射天花將光源放散出間接光源，會讓天花板被往上延伸的視覺效果；或者利用打亮牆面的洗牆手法，向上或向下洗牆，透過光暈效果會有拉高天花板的感覺。

O

NG 08 選用投射燈由上往下照射玻璃藝術品，卻無法突顯出美感！

為心愛的琉璃藝術品設置一個展示空間，選用了聚光燈由上往下打亮，原以為琉璃會立刻化身為空間中的亮點，但實際看來卻無法將它的色澤呈現得很完美，也沒想像中的透亮，是不是有其他更好的做法？

X

ANS 具有透光材質的藝術品，應該由下往上打光才能表現出晶瑩剔透。

因琉璃本身的透明質感，透過光的照射，的確可以展現出更細膩的面貌。一般來說，像琉璃這樣透光材質的藝術品，如琉璃或玻璃精品，除了配置下照式光源外，也可以透過燈板設計，與展示台結合，讓光線由下往上打，呈現出如同藝術品內部發光般的晶瑩剔透之美。

O

NG 09

因為方便，在浴室安裝一般的燈具，竟然隔沒多久燈泡就壞了！

廁所並非長時間使用的場所，所以就隨便選了一個便宜燈具安裝，只要夠亮就好，沒想到隔沒多久就要更換一次燈泡，反而花了更多的錢，該如何去選用適合浴室使用的燈具呢？

X

ANS 選擇以防濕型與IP防護係數高的燈具，避免直接安裝開放式燈具。

所有電器在高濕度場所都有可能產生漏電的危險，而且燈具容易因空氣中的濕度導致絕緣不良、反射板生鏽等問題，所以不管是在浴室內或屋外有水氣、雨淋狀況的場所，都應避免直接安裝開放式的燈具，而需選擇使用防水型燈具。此類型燈具依防水性能差異可分成防濕型、防雨型、防雨防濕型等三種，IP（International Protection）防護等級系統，是將電器依其防塵、防濕氣之特性加以分級。其防護等級是由兩個數字所組成，第一個數字表示燈具防塵、防止外物侵入的等級，第二個數字表示電器防濕氣、防水侵入的密閉程度，數字越大表示其防護等級越高。

O

NG 10 燈具平常不太需要清潔，燈泡壞了直接換新的最方便！

燈具只要可以點亮，表示還可以正常運作，等壞了再換，所以平常也不太去留意和清潔，但時間久了光線有愈來愈暗的情況發生，是快要壞掉了嗎？

X

ANS 定時清理燈具讓光源效率更佳，也可延長燈具壽命。

燈具清理的頻率主要需依環境中空氣的落塵量多寡而定，一般約每半年一次即可，落塵量較多的環境，如大馬路旁則需要增加清理次數。好的燈具透過定時的維護、擦拭與保養，不但可增加燈具表面的光澤及壽命，而且光源的表現效率也會更好。

O

NG 11 在服飾店挑了一件紅色洋裝，實際穿出去才發現有色差！

在服飾店精挑細選了一件紅色洋裝，在燈光的投射下色澤非常好看，但穿出去才發現怎麼和當時看到的顏色不太一樣了？

X

ANS 服飾店燈光除了講究氣氛和質感，演色性指數也是重要考量。

服飾店最重要的產品就是衣物，款式不可能永遠一成不變，於是如何控制重點照明是關鍵，光源演色性高，產品才能具有不失真的色彩。燈光必須依隨著空間想營造出來的氛圍進行調整，但要留意衣服的顏色不能失真，因此光源不能太過昏暗，演色性不佳，容易導致衣物色澤失真。更衣室的光源更要留意，最好利用黃白可變色溫光，正面打照。白光可以看清衣服在戶外陽光下的真實色澤，黃光則反映出室內的視感增添柔和。

O

NG 12

美髮沙龍店的燈光都讓人覺得氣色很好，回到家照自己的梳妝鏡卻大不同！

X

剪完頭髮理髮店的大面鏡前照了又照，不僅髮型很美之外，連整個氣色都變好了！原來換個髮型可以讓人看起來更年輕，但回家照了自己的梳妝鏡，才發現好像不是這麼回事？

ANS 鏡面燈光配置要避免陰影，且採顯色性較好的燈具。

O

美髮沙龍店為了呈現更好的服務和效果，燈光的配置都經過一定的設計。工作檯面留意光源本身反射，強光容易刺激到設計師和顧客眼睛，引起不適，光源並安置在鏡面兩側或頂部，利用正面照映可減少陰影存在，並特別選用演色性佳的照明燈具，就能讓顧客看起來氣色較佳。如果也想在家呈現同樣的效果，可以參考同樣的光源配置手法。

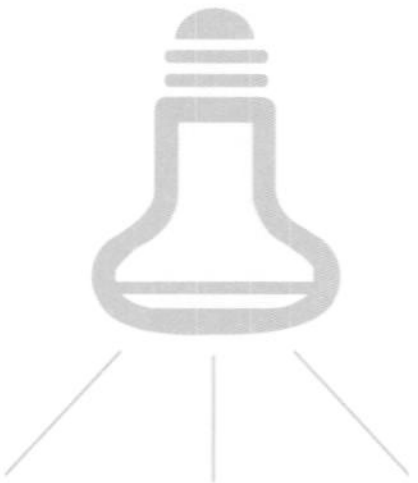

Concept 2

照明知識完全解析

解析一　光的語言

光在日常生活無所不在，光源從色溫表現、發出的能量、產生的照度、演色性、發光效率與強度、映照進眼睛的輝度、眩光現象到與燈具相關的配光曲線、光束角與遮光角，掌握這些基本原理，你會對光源有更深一層的認識。

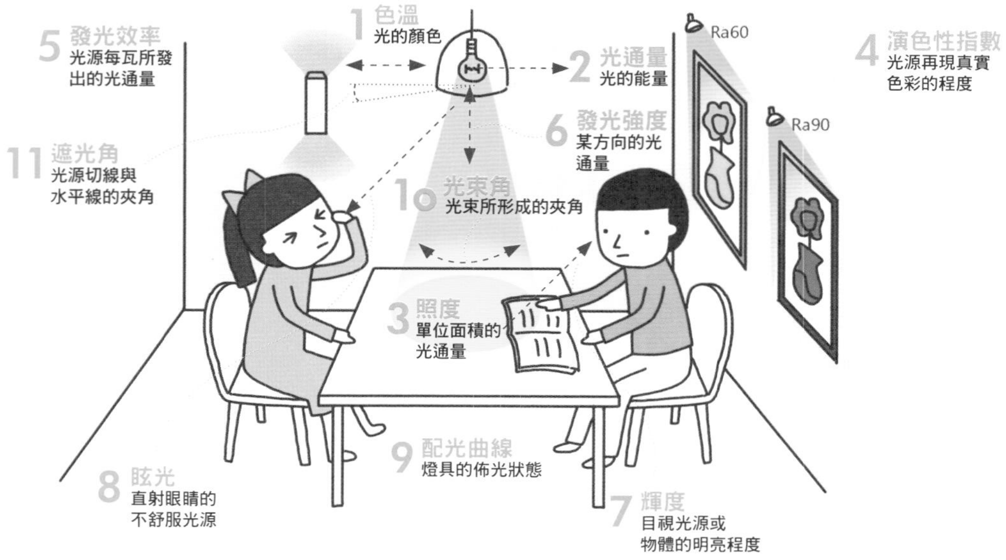
1 色溫
光的顏色
2 光通量
光的能量
3 照度
單位面積的光通量
4 演色性指數
光源再現真實色彩的程度
Ra60
Ra90
5 發光效率
光源每瓦所發出的光通量
6 發光強度
某方向的光通量
7 輝度
目視光源或物體的明亮程度
8 眩光
直射眼睛的不舒服光源
9 配光曲線
燈具的佈光狀態
10 光束角
光束所形成的夾角
11 遮光角
光源切線與水平線的夾角

光的語言

1 色溫

色溫（Kelvin）是指光波在不同能量下，人眼所能感受的顏色變化，用來表示光源光色的尺度，單位是K。測量方式是以黑體輻射0°Kelvin= 攝氏-273°C作為計算的起點，將黑體加熱的過程中，隨著能量的提高，便會進入可見光的領域。例如，在2800°K時，發出的色光和燈泡相同，我們便說燈泡的色溫是2800°K。可見光領域的色溫變化，由低色溫至高色溫是由橙紅→白→藍。

日常生活中常見的自然光源，例如清晨、正午到黃昏的太陽光色溫各有所不同，而色溫值決定燈泡產生溫暖或冷調光線。一般色溫低的話，會帶點橘色，給予人溫暖的感覺；色溫高的光線會帶點白色或藍色，給予人清爽、明亮的感覺。空間中不同色溫的光線，會直覺地決定照明所帶給人的感受。

低色溫光源為主的空間照明。圖片提供＿懷生國際設計

高色溫光源為主的空間照明。圖片提供＿懷生國際設計

2 光通量

光通量（Luminous flux）簡單說就是可見光的能量，是指單位時間內，由一光源所發射並被人眼感知之所有輻射能量的總和，又可以稱為光束（Φ），其單位為流明（Lumen，簡稱 lm）。

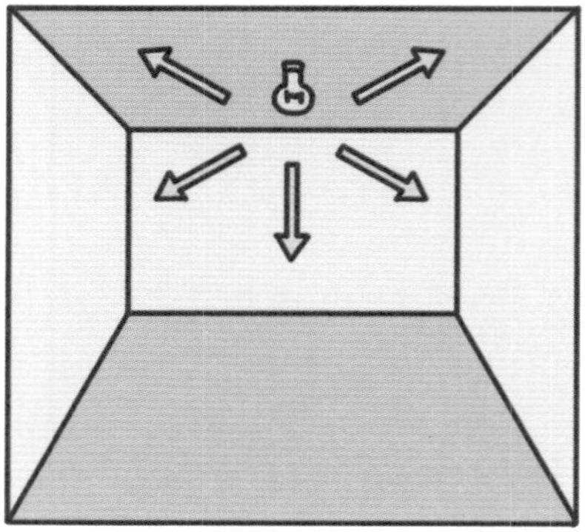

光源會向不同方向之不同強度放射出光通量

3 照度

照度（Illuminance）是指被照面單位面積上的光通量的流明數，單位是 Lux，1 Lux = 1 流明／平方公尺，我們常會說閱讀的桌面夠不夠亮，通常就是指照度夠不夠。如果同樣的面積為單位，當光源的光通量愈高，也就是流明值愈高，照度就會愈高。一般而言，若要求作業環境很明亮清晰的話，照度的要求也愈高，舉例來說，書房整體空間的全般照明亮度約為 100Lux，但閱讀時的局部重點照明則需要到照度至少 600Lux，因此可選用檯燈作為局部照明的燈具。

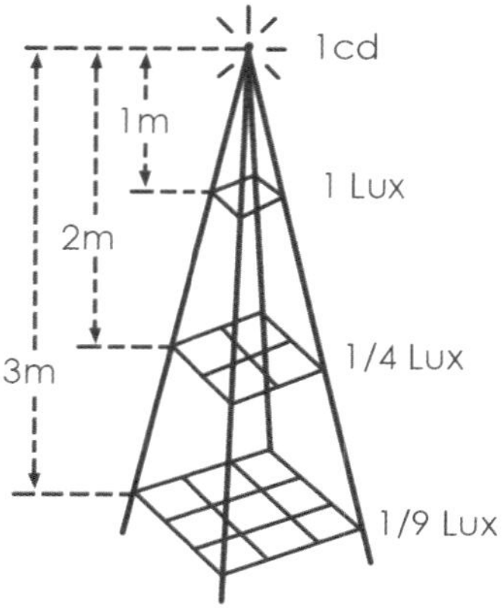

照度平方反比定律

・光源色溫與照度的關係

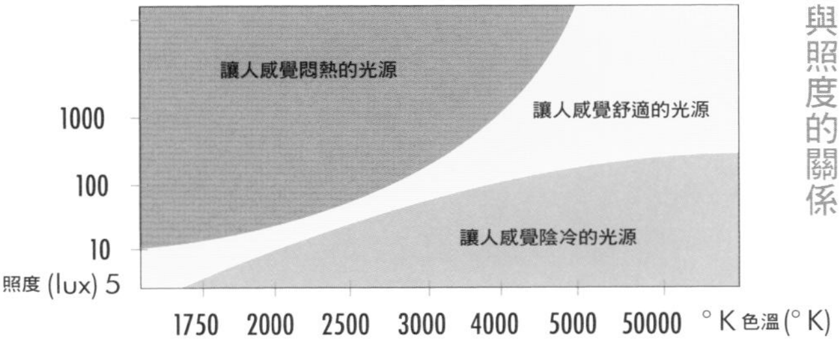

資料來源＿參考經濟部能源局《光與照明》繪製

不同的作業環境有不同的照度需求

・各種光源之照度比較

光源	照度（Lux）
太陽光（直射）	約 10 萬
陰天（薄雲）	3 ～ 7 萬
雨天	1 ～ 3 萬
陰暗天（藍空光）	1 ～ 2 萬
月光（月圓）	約 0.2
星光	約 0.0003
燈光（辦公室）	500 ～ 1,000

資料來源＿經濟部能源局《光與照明》

Light Box

如何使用照度計

照度計是用於測量被照面上的光照度的儀器，由光電池和照度顯示器兩部分所組成。可測量空間內不同面向的照度值，如果欲測量桌面的照度，將照度計平放於桌面；測量牆面照度，則將照度計緊貼於牆面。使用時並注意幾個要點：

1 使用前應先將光電池受光部分照光5分鐘，使照度計達到飽和安定。

2 測光前照明燈具先開亮約5～10分鐘，光源較為穩定。

3 測量時避免測量者的影子干擾，並避免穿著會反光的衣服。

Light Box 用公式簡易計算空間照度

公式

$$E（平均照度）= \frac{N \times F \times U \times M}{A}$$

N＝照明器具套數

F＝使用燈具的光通量（lm）

U＝照明率（會隨著天花板、壁面、地面等反射率不同而變化，室內的長、寬以及光源的高度也是影響照明率的重大因素。）

M＝維護率（維護係數依照明器具的構造，室內汙染的程度而異，在清潔容易，汙染性少的場所，維護率高；相反的，不易清掃及汙染性高的場所，維護率低。維護率一般取0.6～0.8之間。）

A＝室內面積（m^2）

不同建材的反射率變化				
30% 以下	30% 以上	50% 以上	70% 以上	
—	鍍鋅鐵板	金、不鏽鋼板、鋼板、銅	銀（磨）鋁（電解研磨）	**金屬**
紅磚、水泥	花崗岩、石綿浪板、砂壁	淡色壁、大理石、淡色磁磚、白色平面	石膏、白磁地磚、白牆壁	**石材 壁材**
—	杉木板、三合板	表面透明漆處理之檜木	—	**木材**
描圖紙	新聞紙	淡色壁紙	白色紙類	**紙**
深色窗簾	淡色窗簾	白色木棉	—	**布**
透明玻璃、消光玻璃	壓花玻璃	濃乳白琺瑯	鏡面玻璃	**玻璃**
濃色油漆	淡色油漆（濃度較濃）	白色琺瑯、淡色油漆	白色油漆、透明漆	**油漆**
深色磁磚	榻榻米	淺色磁磚	—	**地面材料**
混凝土、鋪石、小圓石、泥土	混凝土	—	—	**地表面**

・住宅各空間照度一覽

場所	照度 Lux	項目
門、玄關（外側）	2000～75	—
	75～30	○門牌 ○信箱 ○門鈴鈕
	30～10	—
	10～5	○走道
	5～2	—
	2～1	安全燈
玄關（內側）	2000～750	—
	750～300	○鏡子
	300～150	○裝飾櫃
	150～75	全般
	75～1	—
起居間	2000～750	○手藝 ○縫紉
	750～300	○閱讀 ○化妝* ○電話****
	300～150	○團聚 ○娛樂***
	150～75	—
	75～30	全般
	30～1	—
客廳	2000～300	—
	300～150	○桌面** ○沙發
	150～75	—
	75～30	全般
	30～1	—
書房	2000～1000	—
	1000～500	○寫作 ○閱讀
	500～100	—
	100～50	全般
	50～1	—
廚房、餐廳	2000～500	—
	500～200	○餐桌 ○調理 ○水洗槽
	200～100	—
	100～50	全般
	50～1	—
臥房	2000～750	—
	750～300	○看書 ○化妝
	300～30	—
	30～10	全般
	10～2	—
	2～1	深夜
兒童、作業室	2000～1000	—
	1000～500	○作業 ○閱讀
	500～300	—
	300～150	○遊玩
	150～75	全般
	75～1	—
洗手間	2000～100	—
	100～50	全般
	50～2	—
	2～1	深夜
浴室、更衣室	2000～500	—
	500～200	○修臉* ○化妝* ○洗臉
	200～150	—
	150～75	全般
	75～1	—
家事室、工作室	2000～750	○手工藝 ○縫衣機 ○縫紉
	750～300	○工作
	300～150	○洗衣
	150～75	全般
	75～1	—
走廊、樓梯	2000～75	—
	75～30	全般
	30～2	—
	2～1	深夜
車庫	2000～500	—
	500～200	○清潔 ○檢查
	200～75	—
	75～30	全般
	30～1	—

此表依據 CNS 國家標準照度標準所製。

註：圖表內標示全般，即為全般照明，全般照明是指用適當照明設備讓整個空間有均勻照度，提供一般活動所需亮度即可，通常客廳、臥房照度在 70～150Lux 即可。

註：有「○」記號之作業場所，可用局部照明取得該照度。

*對人物的垂直面照度

**對全般照明照度另作局部性的提高照明設備，使室內照明不流於平凡而富有變化為目的。

***趣味性讀書當作娛樂看待。

****其他場所也適用。

照度 Lux	商店之一般共同事項	日用品店（雜貨、食品）	超級市場（自助式）	大型店（百貨公司、大批發店）	服飾店（衣料、眼鏡、鐘錶等）	文化品店（家電、樂器、書籍）	趣味休閒用品店	生活別專用店（家庭工藝器具、育嬰、料理等）	高級專門店（貴金屬、衣服、藝術品等）
3000–2000–1500	○局部陳列室	—	○主陳列室	○櫥窗之重點 ○展示部 ○店內重點陳列部	○櫥窗之重點	○櫥窗之重點 ○店內之陳列部	—	—	○櫥窗之重點
1500–1000	—			○專櫃 ○店內陳列	—	舞台商品之重點		○櫥窗之重點	○店內重點陳列
1000–750	○重點陳列部 ○結帳櫃檯 ○電扶梯上下處 ○包裝檯	○重點陳列部	店內全般（鬧區商店）	主商品銷售 ○特價品部分 服務專櫃	○重點陳列 ○專案櫃 ○試穿室	○室內陳列 ○服務專櫃 試穿室， 櫥窗之全般	○室內陳列之重點 模特兒表演場 櫥窗之全般	○展示室	○一般陳列品
750–500	電梯大廳 電扶梯	重點部分 ○店面	店內全般（郊外商店）	一般樓層之全般	店內全般（特別部分除外） ○特別陳列部	店內全般 ○具鼓舞性指標之陳列	○店內一般陳列 ○特別陳列 ○服務專櫃	店內全般 ○服務專櫃	○服裝專櫃 設計發表專櫃
500–300	○一般陳列室 洽商室	店內全般		高樓層之全般		—	店內全般		接待室
300–200	接待室		—	—	—			—	店內全般
200–150	化粧室 廁所 樓梯 走廊				○特別部之全般	○具鼓舞性指標之陳列部之全般	—		
150–100	—	—			—	—	特別部之全般		—
100–75	休息室 店內全般						—		

此表依據 CNS 國家標準照度標準所製。

註：

1 有「○」記號之作業場所，可用局部照明取得該照度。

2 白天屋外正面櫥窗之重點希望 10000Lux 以上

3 重點陳列之局部照明之照度，希望在全般照明之三倍以上。

・美術館、博物館、公共會館、旅館、公共浴室、美容院、理髮店、飲食店、戲院

照度 Lux	美術館、博物館	公共會館	旅館、飯店	公共浴室	美容院、理髮店	餐廳、飲食店	旅遊飲食店	戲院
1500–750	○雕刻（石、金屬） ○模型	○化妝室面鏡 ○特別展示室	○前廳櫃檯 ○結帳櫃檯	—	○剪燙髮○染髮 ○整髮○化妝	○食品樣品櫃	—	—
750–500	○雕刻（石膏、木、紙） ○西畫、研究室、調查室、 販賣部、大廳	圖書閱覽室，教室 —	○停車處，大門，廚房，事務室 ○行李櫃檯○洗面鏡 —	○櫃檯○衣物櫃○浴場走廊	○修臉○整裝○洗髮 ○前廳掛號台	集會室，廚房調理房 ○餐桌○帳房○前廳掛號台 ○貨物收受台	○餐桌，廚房○帳房 ○貨物收受台	出入口，販賣店，樂隊區 ○售票室
500–300		宴會場所，大會議場 展示會場，集會室 餐廳	宴會場所					
300–200	○繪畫（附玻框） ○國畫，工藝品， ○一般陳列品，廁所， 小集會室，教室	禮堂，結婚禮場準備室 樂隊區，洗手間	日室 大房間	出入口，更衣室，淋浴處 泡浴槽，廁所	店內廁所	正門，休息室 餐室，洗手間	洗手間	觀眾席，前廳休憩室 電氣室，機械室 洗手間，廁所
200–150		—	餐廳 前廳，廁所，盥洗室					
150–75	○模仿製品 標本展示餐飲部 走廊樓梯	結婚禮場， 聚會場， 前廳走廊，樓梯	娛樂室， 更衣室， 走廊 ○庭院重點照明	走廊	走廊、樓梯	走廊、樓梯	出入口走廊， 正門，樓梯，房 間內（全般）	放映室，控制室 樓梯，走廊 ○後場作業場所
75–30	收藏室	儲藏室	客房（全般） 樓梯 浴室 —	—	—	—	—	—
30–10	幻燈片放映用之 簡報室	—	—				以氣氛為主 之酒吧， 咖啡廳	控制室（上演中） 放映室（上映中）
10–5							酒廊之 座位， 走廊	
5–2	—		安全燈				—	觀眾席（上演中）

此表依據CNS國家標準照度標準所製。

註：有「○」記號之作業場所，可用局部照明取得該照度。

4 演色性指數

由於光源的種類不同，所看到的對象顏色真實所呈現的顏色也會有所不同，所謂的演色性（Color rendering）是指物體在光源下的感受與在太陽光下的感受的真實度。表示光源的演色性程度指數稱為平均演色性指數（Ra），最低為0，最高100。我們常可在燈泡外包裝看見演色性數值的標示，一般平均演色性指數達到Ra80以上，基本上都算是演色性佳的光源。

主要光源的平均演色性指數（Ra）	
燈泡	100
鹵素燈泡	100
色評價用	99
高演色性複金屬燈	90
日光燈三波長	80
日光燈晝光色	69
日光燈白色	65
複金屬燈	65
高演色性鈉光燈	53
水銀燈泡	40
鈉光燈	25

資料來源＿東亞照明

美術館與畫廊對光源的平均演色性指數要求至少須達到Ra90以上。圖片提供＿袁宗南照明設計事務所

5 發光效率

發光效率（Luminous Efficacy）是指光源每消耗1瓦（W）電所輸出的光通量，以光通量與消耗功率的比值來表示，其單位為lm/W。發光效率越高代表其電能轉換成光的效率越高，即發出相同光通量所消耗的電能越少，所以選用真正節能的燈泡，應該以發光效率數值來做最後的判斷標準。

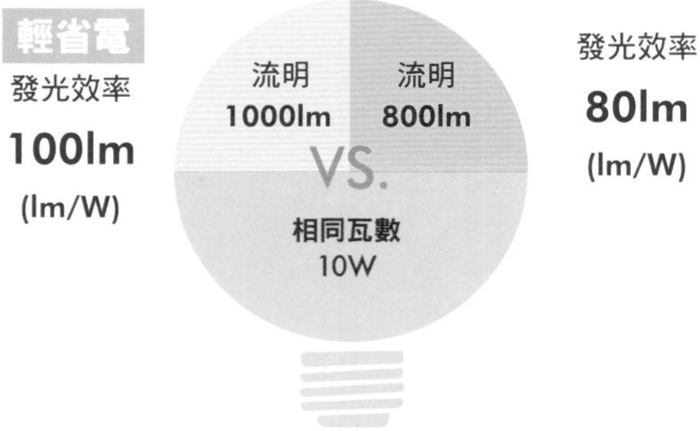

用途範圍	平均演色評價指數
顏色檢查、臨床檢查美術館	Ra ＞ 90
印刷廠、紡織廠、飯店、商店、醫院、學校、精密加工、辦公大樓、住宅等	90 ＞ Ra ≧ 80
一般作業場所	80 ＞ Ra ≧ 60
粗加工工廠	60 ＞ Ra ≧ 40
一般照明場所	40 ＞ Ra ≧ 20

資料來源＿CIE（國際照明委員會）

光的語言

6 發光強度

發光強度（Luminous intensity）表示光源在一定方向和範圍內發出的人眼感知強弱的物理量，是指光源向某一方向在單位立體角內所發出的光通量，簡稱「光度」，以燭光（candela，簡稱cd）為單位。

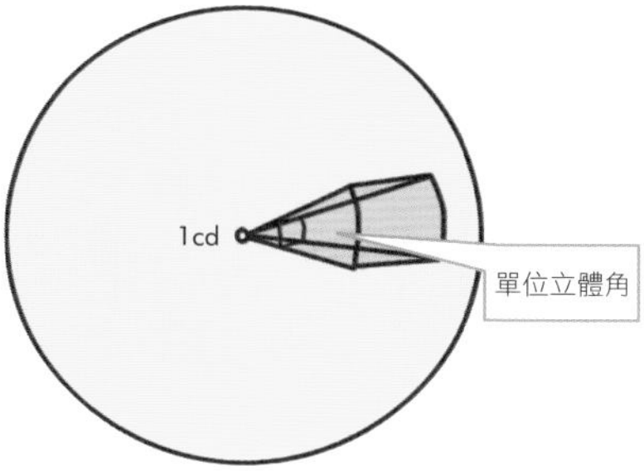

光的語言

7 輝度

輝度（Luminance）是指每單位面積、每單位立體角，在某一方向上，自發光表面發射出的光通量，也就是指眼睛從某一方向所看到光源或物體反射光線的明亮強度。某一截面積的輝度值尼特（nit）＝發光強度／平方公尺（1nit=1cd/ m^2 ）。

光的語言

8 眩光

眩光（glare）就是讓人感覺不舒服的照明，因視野內的亮度大幅超過眼睛所適應，或是光源明暗對比過大，皆會導致干擾、不舒適或視力受損。眩光的種類有三種：

1直接眩光：眼睛直視光源（燈具）所產生，光源的輝度大造成刺眼而令人感到不舒服，例如：光源集中且亮度高，所在位置在視線可以直視之處。

2反射眩光：反射眩光也就是一般常見的反光，會使影像模糊化，容易造成眼睛疲勞，閱讀吃力，甚至進一步造成眼睛酸痛及頭痛的問題。

3背景眩光：非由直接光線或反射光線所造成的眩光，一般是來自背景環境的光源進入眼中過多，影響到正常視物能力。可從以下幾個方向，去改善環境中眩光的情況：

1善用燈具的設計，隱藏過度集中的光源，再利用燈具的反射將光源導出。

2利用半透性的燈罩材質，將過度集中的光源弱化並分散釋出。

3使用格柵式的燈具，避免眼睛去直視到光源。

4燈光投射方向，盡量垂直於人眼一般水平的視物方向。

5閱讀用的桌面與書本紙質，避免選用容易反光的材質，減少反射眩光。

9 配光曲線

配光曲線（Candlepower Distribution Curves）是指燈具的佈光狀態，意即發光體經其他介質包覆後，致使穿透或折射改變原有之發光方向，以360°縱向、橫向或斜向等角度所繪製出來的光線角度及強度，但一般常見的配光曲線，多指垂直面配光曲線。藉由配光曲線的佈光圖可以得知該發光燈具配光屬性為直接、間接或其他光線分佈比例，有助於專業照明設計師計算照度與光源分配等判斷。

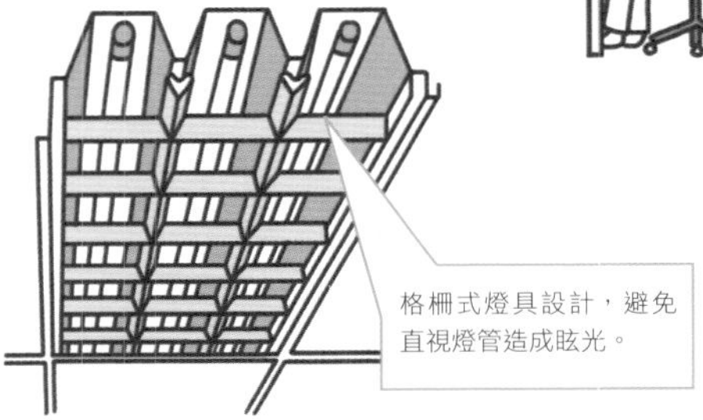

・三種常見的配光曲線

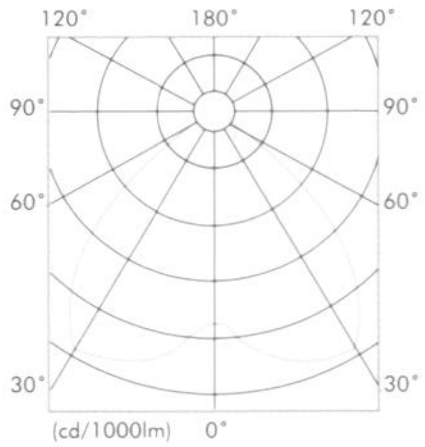

蝙翼型（batwing）

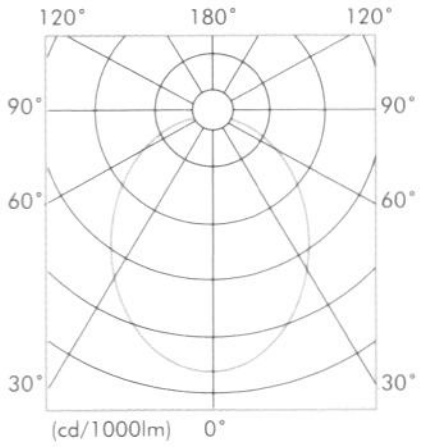

拋物線型（parabolic）

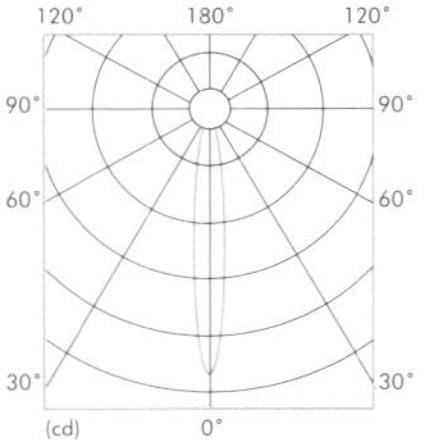

狹角型（narrow angle）

資料來源_飛利浦

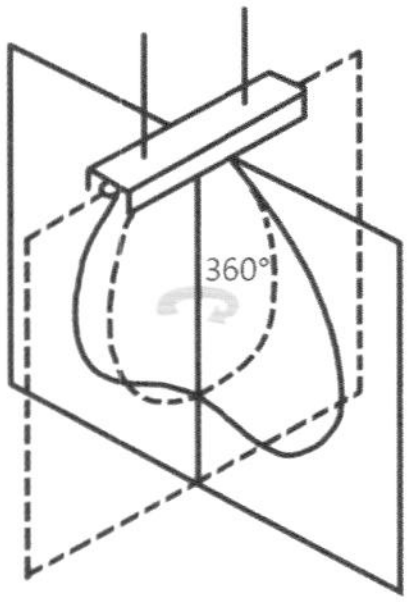

配光曲線為360°立體環繞的概念

光的語言

10 光束角

一般光源的正下方的是最亮的，對應一發光強度最強的光束主軸。由光束主軸兩側發光強度50％界線所構成的夾角，即稱為光束角（Beam Angle），比這更暗的外圍所構成的夾角，稱為佈光角。一般來說，投射燈光源集中，光束角約30°，吸頂燈可到140°左右，光束角大小受燈泡及燈罩的相對位置的影響。

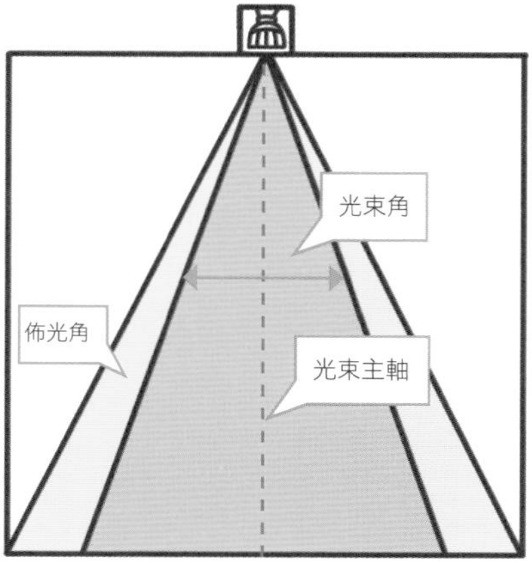

光的語言

11 遮光角

燈具的遮光角（Shielding Angle）是指由燈具出光口邊緣的切線與通過光源光中心的水平線所構成的夾角。在正常的水平視線條件下，為防止高亮度的光源造成直接眩光，遮光角一般都要大於30°，而45°是公認最舒適的燈具設計。

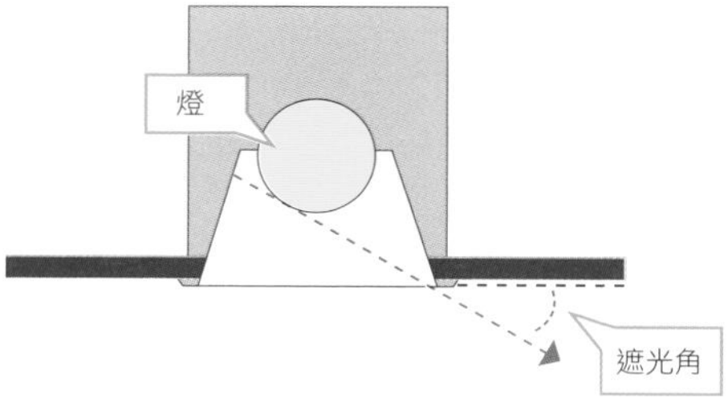

解析二　光源種類

照明的光源是室內設計中最需要細細思量的設備，搭配光線設計得宜，可以讓空間更舒適。20 世紀初誕生了可以長時間發光的鎢絲燈，並經過改良成為鹵素燈，一直到現今廣泛使用的日光燈，近年來以節能為特色之一的 LED 更逐漸普及，未來照明科技將有更多創新，點亮生活的多元化。

光源種類

1 白熾燈

俗稱電燈泡或鎢絲燈，白熾燈要先轉化成熱能才能發光，其中僅有 10 %~ 20 % 的熱能會轉化成光能，其餘皆為無用的熱能，消耗了不少能源，耗電量高。為有效節約能源，台灣已於 2012 年全面禁止白熾燈的生產、進口與銷售。

Light Box 白熾燈發光原理

白熾燈由燈絲、外玻璃殼、防止燈絲氧化的惰性氣體與燈頭所組成。透過將鎢絲通電的方式，大約加熱至 2300 K 以上時燈絲便會開始發光。

光源種類

2 鹵素燈

也屬白熾燈的一種，是白熾燈的改良型產品，發光效率與壽命都比較高，內有微量的鹵素氣體，透過氣體的循環作用，可減輕白熾燈光束衰減和末期玻璃泡內部的黑化現象。鹵素杯燈將光源與杯燈做結合，杯燈內鍍上反射膜，將鹵素燈的可見光線從前方送出，產生聚光燈的效果。同時，易產生高溫的紅外線則穿過反射膜發散於外，減少熱輻射直接照射於人體或物體上。

Light Box

鹵素燈發光原理

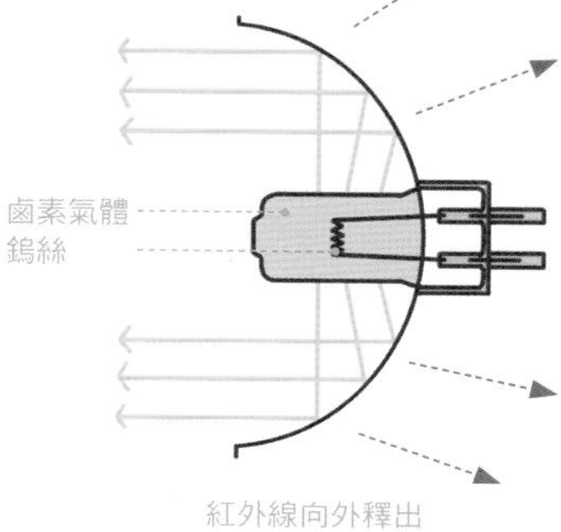

常見的鹵素燈

資料來源—飛利浦

蠟燭型鹵素燈泡

鹵素膠囊燈泡

鹵素反射燈泡

鹵素聚光燈

鹵素燈泡

蠟燭型鹵素燈泡

鹵素反射燈泡

3 螢光燈

也稱為日光燈，是屬於是放電燈的一種，通常在玻璃管中充滿有利放電的氬氣和極少量的水銀，並在玻璃管內壁上塗有螢光物質作為發光材料及決定光色，在管的兩端有用鎢絲製作的二螺旋或三螺旋鎢絲圈電極，在電極上塗敷有發射電子的物質。

螢光粉決定了所發出光線的色溫，不同比例的螢光粉可製成不同光色，一般而言白光的發光效率會大於黃光。由於螢光燈不是點光源，雖然聚焦效果低於鹵素燈和LED，但它適合用來表現柔和的重點照明，非常適合用做一般的環境照明。

與鎢絲燈不同，螢光管必須設有安定器，與啟動器配合產生讓氣體發生電離的瞬間高壓，螢光燈的啟動方式可分成下三種：

1 預熱型：當啟動器加熱於電極時，大概需要等待2～3秒的時間才會點亮燈管，啟動過程燈管會有閃爍現象。

2 快速啟動型：透過電容器的連接使兩極立即放電，可在1秒以內迅速點燈，通常可以透過調整電壓來調整燈光大小。

3 瞬時啟動型：相較於預熱型，它使用更高的電壓來請啟動，約可在1秒內啟動，但壽命比預熱式型和瞬時啟動型壽命都短，因此不適用於頻繁開關的場所。

Light Box

螢光燈發光原理

燈管電源開啟時，電流流過電極並加熱，從發射體向內釋放出電子。放電產生的流動電子跟管內的水銀原子碰撞，產生紫外線。當紫外線照射螢光物質後即轉變成可見光。隨著螢光物質的種類不同，可發出多種不同的光色。

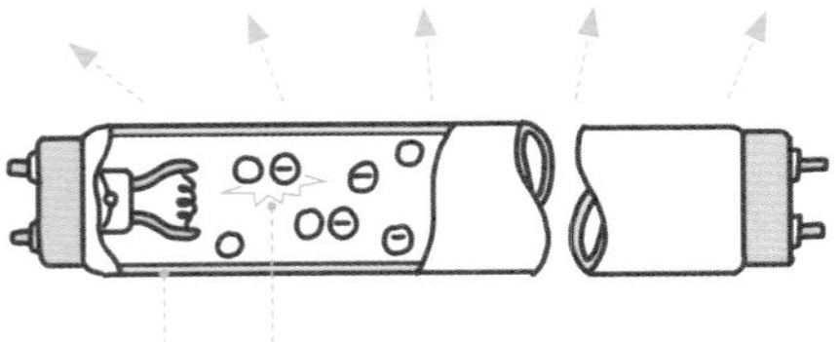

Light Box 安定器

氣體放電型電光源包括螢光燈、高壓鈉燈及高壓水銀燈等，它們都是通過高壓或低壓氣體的放電來發光的，是安定器為了使電流維持穩定性的一個設備。現在最廣泛使用的是電子安定器，採用電子技術驅動電光源，甚至可以將電子安定器與燈管等集成在一起，電子安定器通常還兼具了啟動器功能。

Light Box 螢光燈的成員—「省電燈泡」

省電燈泡屬於螢光燈的一種，近年來發展出將燈管、安定器、啟動器結合在一起，配合使用白熾燈燈座的改良型螢光燈泡，稱為省電燈泡，相較於傳統的白熾燈，擁有較高的光效率，也更為省電。省電燈泡形式相當多，常見有螺旋型、U型、圓球型與長條型，其中前三者因造型需求而將燈管擠壓縮短，使發光效率較日光燈管減損許多，尤其球型燈具外覆玻璃罩，導致發光效率更差、更耗電。若以相同光亮度來比較，U型燈泡因轉折較螺旋型少，發光效率相對較高些，但球型燈因玻璃外罩則較螺旋型燈效率又更差。

常見的螢光燈

資料來源—飛利浦

環型螢光燈管

長條型螢光燈管（T5.T8.T12）

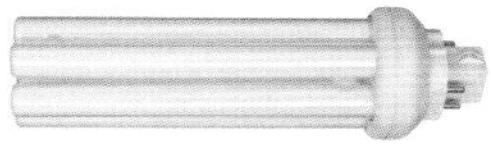

針腳型螢光燈管

緊密型螢光燈管

球型螢光燈管

螺旋型螢光燈管

4 LED（發光二極體）

LED（Light-Emitting Diode）發光二極體是一種半導體元件，利用高科技將電能轉化為光能，光源本身發熱少，是屬於冷光源的一種，其中80％的電能可轉化為可見光。LED為固態發光的一種，不含水銀與其他有毒物質，也不怕震動和不易碎，是相當環保的光源產品。

LED燈會因為二極晶圓製造過程中所添加的金屬元素不同、成分比例不同，而發出不同顏色的光，也因為其體積小、輝度高，早期常用來作為指示用照明。近期由於LED效率和亮度不斷提高，配合LED所具有的壽命長、安全性高、發光效率高（低功率）、色彩豐富、驅動與調控彈性高、體積小、環保等特點，使LED在一般照明市場逐漸普及，並在日常生活中無所不在。

LED發光原理

LED由半導體材料所製成之發光元件，元件具有兩個電極端子，在端子間施加電壓，帶負電的電子移動到帶正電的交界區域並與之複合，經由正負電子之結合而發光，可將能量轉換以光的形式激發釋出。

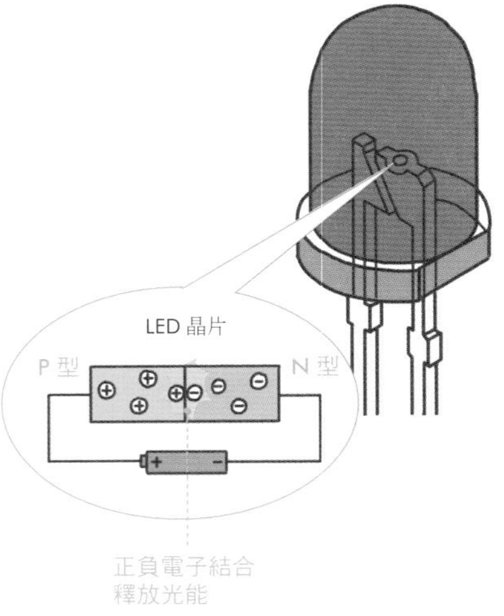

LED照明節能產品的生活應用

戶外照明	如隧道燈、路燈、街燈等
消防照明	如緊急照明及出口指示燈等
娛樂用照明	如聚焦燈、舞台的天幕燈或LED光條
機械影像／檢查	手術燈及醫療檢查用燈
家用照明	閱讀檯燈、神明燈及圓形燈
手持式照明	如手電筒及礦工燈
展示用照明	LED冷凍、冷藏櫃光源
景觀照明	如庭園路燈、感應探照燈、階梯燈、陽台燈等
商業替代光源	如嵌燈、投射燈、珠寶燈、吊燈等
招牌字型燈	招牌及廣告看板

資料來源－能源局《LED照明節能應用技術手冊》

・常見的LED燈具應用

高天井燈

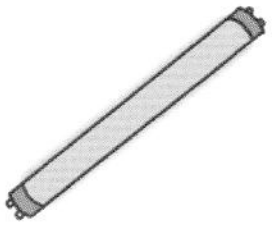
燈管型燈泡

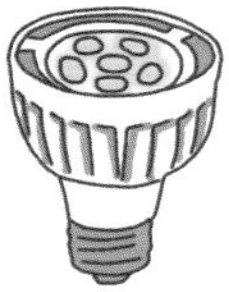
PAR 型燈泡

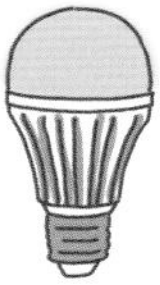
球型燈泡

平板燈

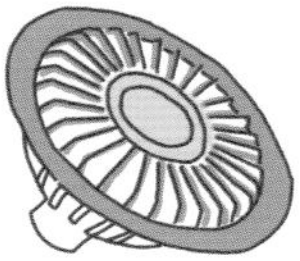
AR 型燈泡

MR 型燈泡

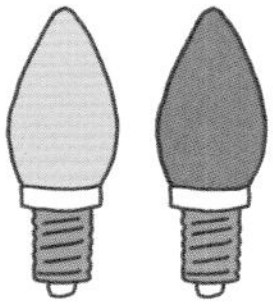
裝飾燈泡

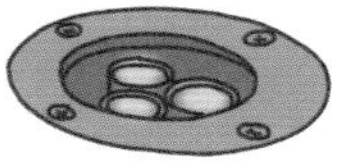
地底投光燈

檯燈

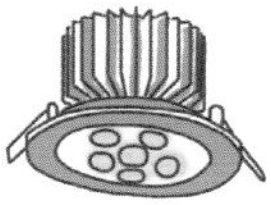
嵌燈

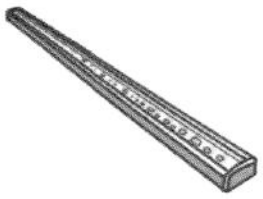
櫥櫃燈

壁式導引燈

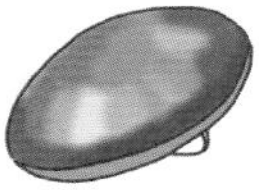
情境燈

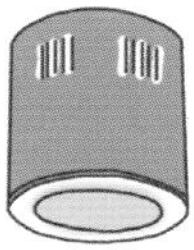
筒燈

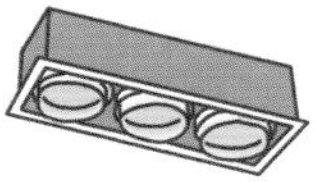
箱型嵌燈

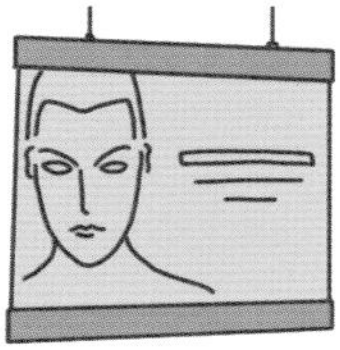
廣告燈箱

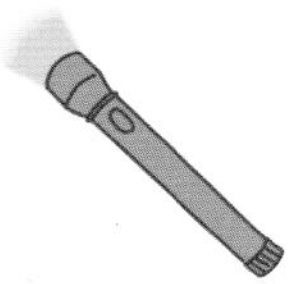
手電筒

建築景觀投光燈

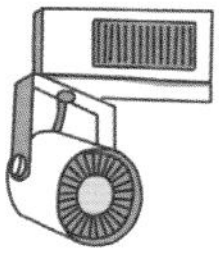
軌道式聚光燈

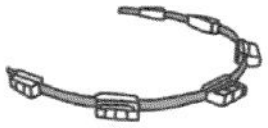
鑽燈

圖片繪製參考—東亞照明型錄

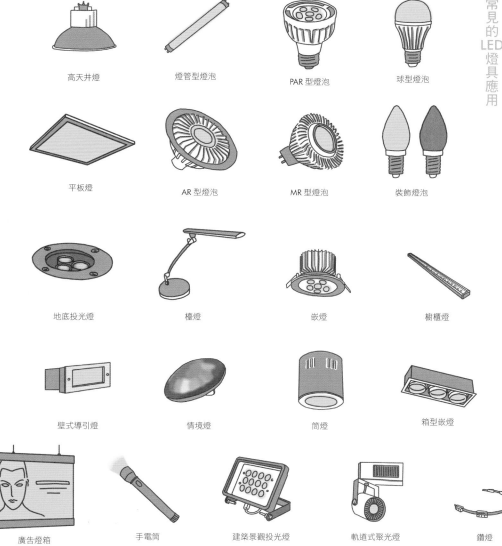

光源種類

5 HID

高強度氣體放電HID燈泡（High-intensity discharge）包含了下列這些種類的電燈：水銀燈、金屬鹵化燈、高壓鈉燈、低壓鈉燈、高壓水銀燈，經由氣體、金屬蒸氣或幾種氣體和蒸氣的混合而放電的光體。

高強度氣體放電通常應用在大面積區域且需要高品質、高輝度的光線時，或針對能源效率、光源密度等特殊要求，包括體育館、大面積的公共區域、倉庫、電影院、戶外活動區域、道路、停車場等，此外也常被應用在車頭燈照明。雖然HID可以釋放出高強度光源，但缺點是啟動慢、演色性不足等。

Light Box

HID發光原理

高強度氣體放電藉著特殊設計、內部佈塗石英或鋁的燈管，並透過兩端鎢電極打出來的加壓電弧，通過燈管後而發出光線。這些燈管內充滿了氣體和金屬。氣體幫助燈泡啟動，而金屬加熱達到蒸發點，形成電漿態後而發出光線。

光源種類

6 其他光源發展

光的快速發展，讓光不再侷限於照明作用，觸角已延伸至光影的藝術和趣味，發展出多樣化的燈光型態，甚至還有轉化太陽光作為室內照明的技術，也逐步研究發展中。

有機發光二極體（OrganicLight-Emitting Diode，OLED），是指有機半導體材料和發光材料在電流驅動下而達到發光並實現顯示的技術。發光原理與LED類似，同樣是利用材料的特性，不過，OLED的材料為有機材料，基本結構是由一薄而透明具半導體特性的銦錫氧化物（ITO），與電力之正極相連，再加上另一個金屬陰極，包成如夾心的結構，有超輕、超薄可彎曲、亮度高、可視角度大、不需背光源、發熱量低……等特性，現階段正尋求技術創新，未來將會更加普及化。

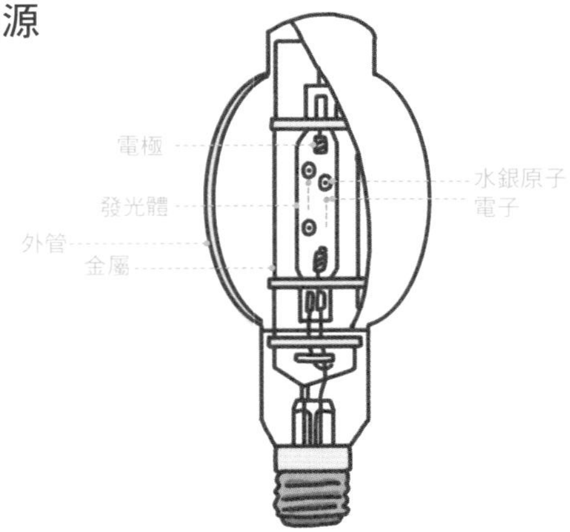

以小於 2 公釐的 OLED 超薄外型，塑造宛如鏡子般的燈光裝置。圖片提供__飛利浦

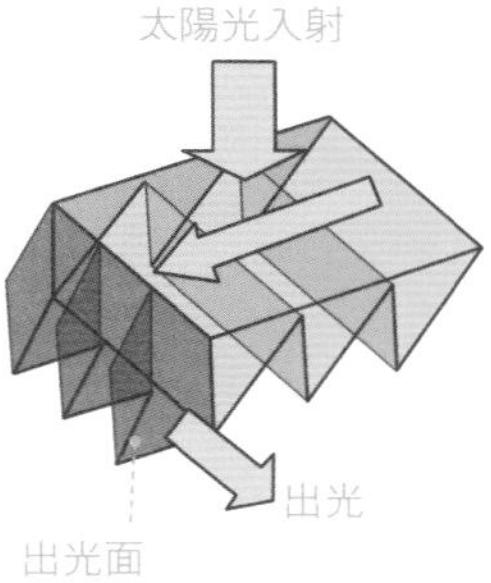

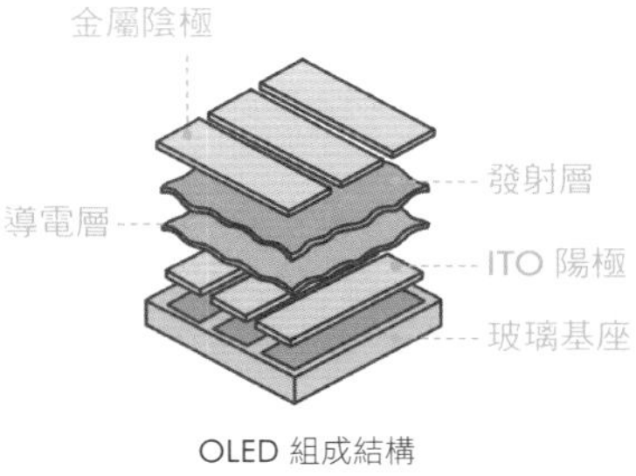

自然光照明系統（Natural Light Illumination System, NLIS），透過集光、傳光與放光的過程，可將自然光轉化為室內照明之用。圖片提供__台灣科技大學色彩與照明研究所

LED與不同光源間的比較

光源特性／項目	發光強度（全光通量）	發光效率（光源效率）	能量轉換率（可見光）	色溫	演色性（平均演色性指數）	壽命	發熱	響應性（從通電到正常點燈的時間）	指向性	溫度—光功率
LED（藍光LED＋黃光螢光粉）	高功率產品30～60 lm（輸入功率1～2 W）	30～40 lm/W	15%～20%	4,600～15,000K	72	一般產品數萬小時、高功率2萬小時	熱耗損80%～90%	100 ms以下	帶透鏡有指向性	溫度相關性小
白熾燈泡	800 lm（60 W）	17 lm/W	8%～14%	2,400～3,000K	100	1,000小時	熱耗損＋紅外輻射90%	0.15～0.25 s	均勻發光帶反射器有指向性	溫度相關性小
螢光燈（普通型）	3,100 lm（40 W）	68～84 lm/W	25%	4,200～6,500K	61～74	12,000小時	熱耗損＋紅外輻射75%	1-2 s	均勻發光帶反射器有指向性	溫度相關性大
HID燈	40,000 lm（400 W）	100 lm/W	20%～40%	3,800～6,000K	65～70	12,000小時	熱耗損＋紅外輻射80%	達到光亮穩定度需幾分鐘	均勻發光帶反射器有指向性	溫度相關性小

資料來源—台灣區照明燈具輸出業同業公會《照明辭典》

解析三　燈具種類

照明燈具種類繁多，它可以裝設於空間中的不同平面，天花板、牆面或地板等，並用不同的方式打亮空間。此外，又可以分成移動型和不可移動型、調整型和不可調整型等，了解照明燈具的特徵與功能，並搭配空間的使用功能，選擇主要照明設備和搭配輔助照明設備，就能配置出合用的照明情境。

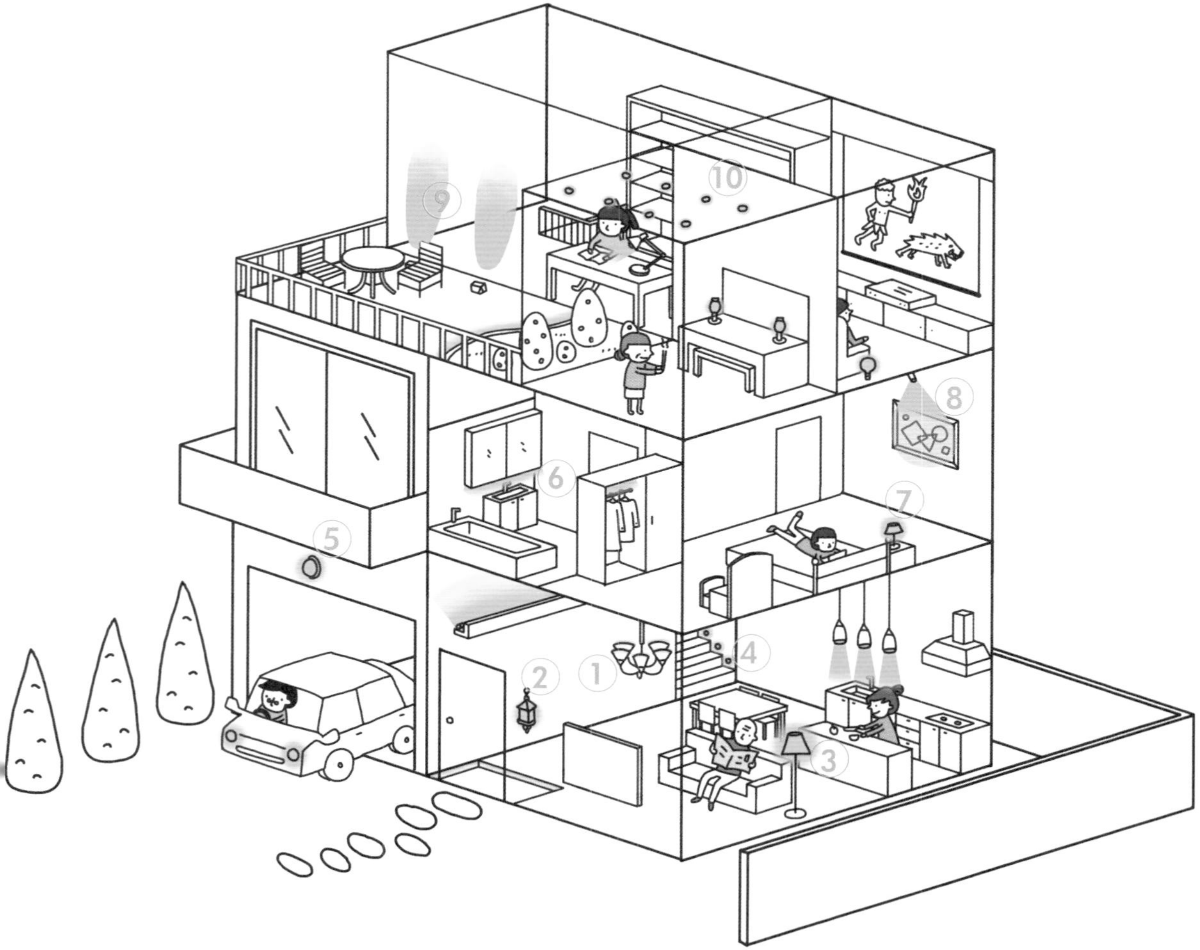

1 吸頂燈、吊燈

吸頂燈以固定的方式直接安裝於天花板，而吊燈以懸吊的方式垂掛於天花板，並透過電線和拉管等點亮光源，較常用於室內的整體照明，吊燈尤其在客廳與餐廳被廣泛地使用。

2 壁燈

通常固定於垂直面的燈具，通常選用較小功率的光源，其懸掛的位置也要避免對人眼產生眩光的作用。最常被安裝於需要加強重點照明的地方，例如：樓梯轉角或是走廊，再加上其多變的造型，也可以作為裝飾照明。

3 立燈

用途為桌、檯燈的延伸，高度較桌燈與檯燈為高，底部有底座或腳架可支撐立於地面之上，裝飾性強的立燈，可為空間帶來不同層次感，功能性強的立燈除了可機能性地移動外，亦能作為指定方向性的照明，與檯燈的差別在於不會佔用工作檯面空間。

4 足下燈

將燈具嵌在樓梯或沿著走廊的低地板區域，可以用來作為夜間的安全導引之用，特殊感應式的設計更為節能與方便。

5 感應燈

市面上常見的感應燈具包括光感知器、人體紅外線感應燈、磁簧或彈簧式的拍拍手感應燈、聲控感應燈，最常安裝於室外的屬於人體紅外線感應燈，有兼具照明與防盜的功用。

6 結構性照明燈

結構性照明是將光源或燈具與空間中的天花板、牆面或地板結合等，或是嵌入並固定於傢具之中，透過間接照明的手法，均勻地打亮空間。

7 桌燈

造型裝飾性強，功能性較弱，常用鎢絲、鹵素、日光、省電燈泡。適用於客廳茶几、床頭等作為輔助照明或裝飾照明用。

8 聚光燈

聚光燈內有聚光裝置，將光線投射在一定的區域內，讓被照射物體獲得充足的照度與亮度，常用來突顯空間中的重點，例如牆面上的畫作、展示櫃內的收藏品等，還可搭配天花板軌道的應用，做更有彈性的燈光配置。

9 洗牆燈

洗牆燈泛指用於投射在牆面的光源，牆面上會形成光暈漸層的效果，除了用在建築外觀打光或招牌照明，現在很多室內設計師也將洗牆燈用於室內營造不同的照明情境。

10 嵌燈

嵌燈是指燈具全部或局部安裝進入某一平面的燈具，又依據置入天花板的方向可分為直插式嵌燈與橫插式嵌燈，投光角度可以改變的稱為可調整式嵌燈，因為其燈具的型態，所以天花板要預留一定的空間安裝，並且要留意散熱的問題。

Chapter 2

照明設計的 6 大關鍵

Point 1 照明的光源
Point 2 照明的方式
Point 3 照明的配置
Point 4 照明的情境
Point 5 照明的維護與使用安全
Point 6 商業空間的照明應用

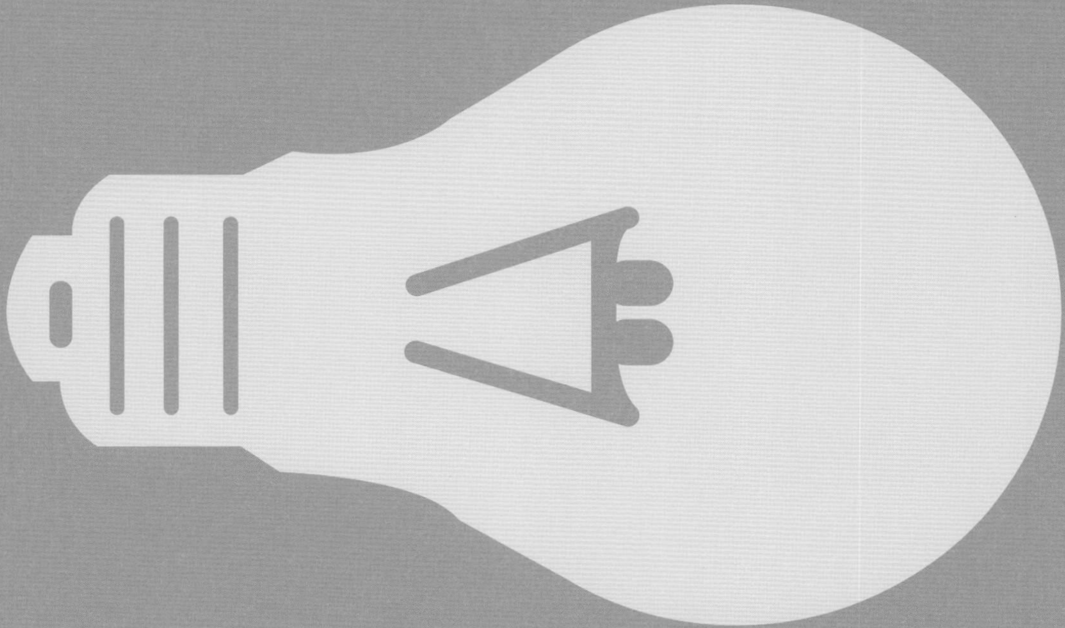

Point 1

照明的光源

照明的最基本元素就是光源，尤其隨著照明科技的發展，常見的照明光源早已從早期的白熾燈、日光燈到近期比較廣泛用運的 LED。面對市面上豐富又多元的產品，如何適當去選擇往往令人傷透腦筋。學會掌握大的重點和方向，回歸實際需求和空間本質，才不會花大錢又買到不合用的燈具。

Q01 市面上有白熾燈、日光燈等不同類型燈泡，該怎麼選擇比較好？

各種光源都有其特性，可依照空間使用的不同，選擇適合的燈泡。

照明是室內空間中最需要細細思量的設備，光線設計得宜，可以讓空間更舒適；其中的關鍵在於燈泡的選擇，性質優良的燈泡不僅能照顧眼睛不易疲勞之外，還具有使用壽命長、省電的功效。依照空間使用的不同，在客廳、餐廳、臥房、書房用的燈泡類型、色溫和瓦數就不相同。客廳適合裝設照明範圍較廣、節能效果好的白光或黃光；以休憩為主的臥室與餐廳，則可裝設給人溫暖感的黃光燈泡，如LED燈、鹵素燈或省電燈泡，書房則建議採用明亮度高的省電燈泡，再搭配近距離檯燈更理想。

種類	光性	優點	缺點
白熾燈	基本光蠟燭效果，燈影較微弱	燈體和光影散發光影質感	耗電、損耗率高
鹵素燈	演色效果佳，光感效果佳	人與物體色彩漂亮，投射性強可打出光影感	熱能高
日光燈	光感柔和	大面積泛光機能性強	光影欠缺美感
LED	亮度較亮，發光率較佳	可結合調光系統，製造空間情境，體積小	投射角度集中

Q02 燈泡外包裝數據資料很多，如何去解讀必要的資訊，判斷這顆燈泡是否符合需求？

認清瓦數、燈座規格、色溫、演色性指數、光通量、發光效率，挑選合適燈泡。

面對市面上五花八門的燈泡產品，不論是外包裝或是產品介紹的頁面往往羅列出龐大的資訊，其實只要掌握6大重點，就能挑選到合用的燈泡：

1瓦數（W）：瓦數代表的是每秒消耗多少焦耳的依據，瓦數愈高耗電量愈大，但不代表所產生的亮度愈高，尤其現今LED照明技術的精進，所需瓦數卻可以產生比相同瓦數的節能燈泡還要高的亮度（流明數）。

	白熾燈	省電燈泡	LED
產生1000 lm 耗能	100 W	25 W	12 W

此表為大略比較值，實際情況會依廠牌和型號而有所不同

2燈座規格（E）：以燈泡頭螺紋測量出直徑，就是所需要的燈座規格，常見的規格有E10、E12、E14、E17、E27、E40。例如直徑為14公釐，就是屬於E14的燈座，購買燈泡前務必先調查清楚所需規格。

3色溫（K）：燈光的顏色稱為色溫，數值愈低，光的顏色愈黃；數值愈高，光的顏色愈白。燈泡色偏黃光，色溫約3000 K左右；晝光色偏白光，色溫約5000 K～7000 K。

4演色性指數（Ra/CRI）：演色性指數愈高，表示物體在該照明光源下顯示的顏色與在太陽光照射下的顏色愈接近，色彩失真度小；演色性指數愈低，表示物體在該照明光源下顯示顏色與太陽光照射下的顏色偏離愈遠，色彩失真度大。

5光通量/流明（lm）：光通量是指光源所釋放出光的能量，流明值愈高，燈泡亮度愈大。

6發光效率（lm/W）：指光源每消耗1瓦（W）電所輸出的光通量，是現今燈泡是否省電的判斷標準。

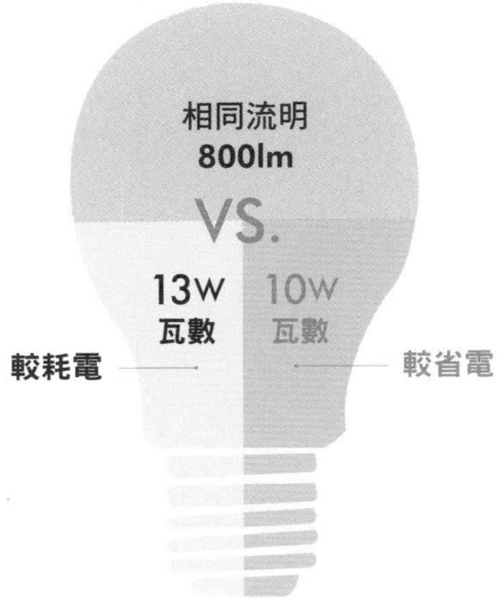

Q03 選用燈具前須事先考量哪些重點？

掌握空間高度、燈具配備、開燈頻率三大重點。

1測量地面距天花板的高度：主燈分為三種類型，吸頂燈、吊燈、半吊燈，而依光源照射的方向，又可分為下照式及上照式，上照式因為光往上打，所以光源較為柔和，而下照式，燈往下打，光源就很明亮而直接。該選用哪種燈，除了依個人喜好外，最好還是要考量一下天花板的高度及使用空間，才不會對空間造成壓迫感。

2要了解各個空間的燈具配置：

（1）客廳：不管是吸頂燈、吊燈或是半吊燈，都要以家中最高的人，手伸直碰不到的距離，為所選燈最低的高度。要是無法實地測量，則可以地面與天花板的距離為選購標準。若距離超過3公尺就可以選購吊燈；2.7公尺至3公尺間，可用半吊燈；2.7公尺以下則只能選擇吸頂燈。

（2）餐廳：一般人都喜歡在餐廳用吊燈，但並非所有的餐廳都可以使用吊燈，餐廳的位置必須要固定。現在很多小坪數空間，為了充份利用空間，餐廳都與客廳或其它空間共用，使用時，才搬出餐桌。像這種餐廳就非常不適合使用吊燈，只能選用半吊燈及吸頂燈，才不會影響到人的行動。而吊燈距離桌面的高度，必須控制在70～80公分。

（3）臥室：建議使用吸頂燈或半吊燈，因為床有高度，即使人躺在床上，燈太低還是有壓迫感，最好不要使用吊燈。

（4）衛浴及廚房：多半都有做天花板，最好選用吸頂燈。

3清楚最常開燈的空間：LED所節省的電費是白熾燈泡的85％，要省電最好選擇省電燈泡或是LED燈泡。像客廳或臥室等，都是開燈時間較長的空間，視情況選用省電燈泡或LED燈泡，能省下不少錢。

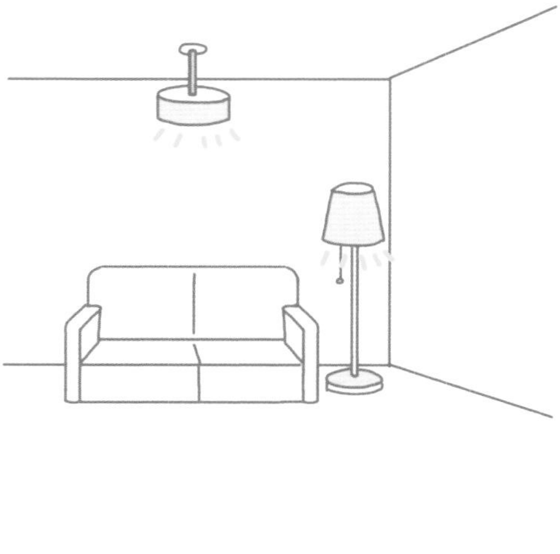

Q04 燈具的產品型錄會包含哪些資訊？

詳列燈具基本資料、外觀與內部結構、配光曲線，作為設計與施工參考。

一般常見的燈具型錄可以分成兩種：一般消費者用與設計師用。一般消費者所使用的燈具通常會列出基本的資訊，例如燈具照片、定價、材質、適用燈泡、色溫、可調光或不可調光、適用電壓、流明值、重量、尺寸等；設計師用的型錄，因考量到施工和空間照度的專業需求，會詳列出較多的資訊。

燈具參考資訊

配光曲線圖：配光曲線上的各個點，代表燈具在此角度方向上的發光強度。

資料來源 _ 飛利浦照明型錄

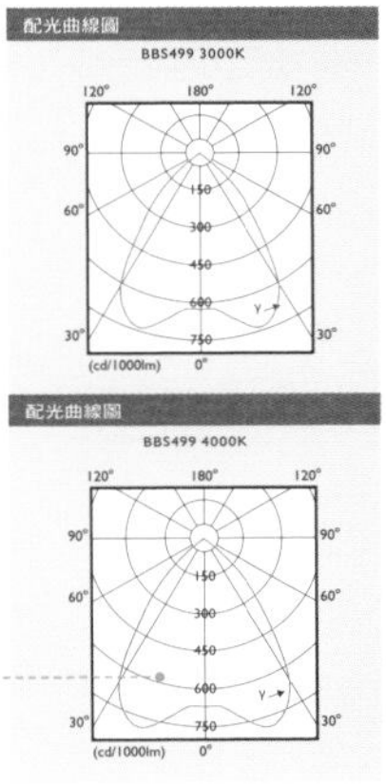

技術規格資料		
產品型號	基本型：BBS498；舒適型 BBS499	
光源	DLED Compact（輕巧型）	
流明輸出	2000lm (3000K)；2200lm (4000K)	
燈光顏色	暖白光：3000K；自然白：4000K	
耗電功率	28W	
系統效能	72lm/W(3000K)；80lm/W (4000K)	
眩光值UGR	19/22	
電壓	220V-240V/50-60Hz	
驅動器	配備於另一驅動盒	
光學片	高光澤鏡面、霧面反射板 (M)	
材質	散熱片、支架、反射板與燈具前緣：鋁，固定：鋼和聚碳酸酯，驅動器盒：塑膠	
顏色	白(WH)	
安裝	使用彈簧扣片固定	
控制介面	開關(PSU-E) 或可由DALI 調光(PSD-E)	
操作溫度	-20℃ ~ 35℃	
效能最佳的環境溫度	25℃	
使用壽命	50,000 小時	
配件	ZBS490 C CRFM D225	轉接套環200公釐至225公釐開孔直徑
	ZBS490 C SG-FRC	懸吊的碟狀玻璃，內部為毛玻璃
	ZBS490 C SG-HR-FR	採懸吊方式的毛玻璃環
	ZBS490 C SG-O	懸吊的乳白色玻璃
	ZBS490 C GF	嵌入式毛玻璃
	ZBS490 C GF-HR	嵌入式毛玻璃環

燈具外觀

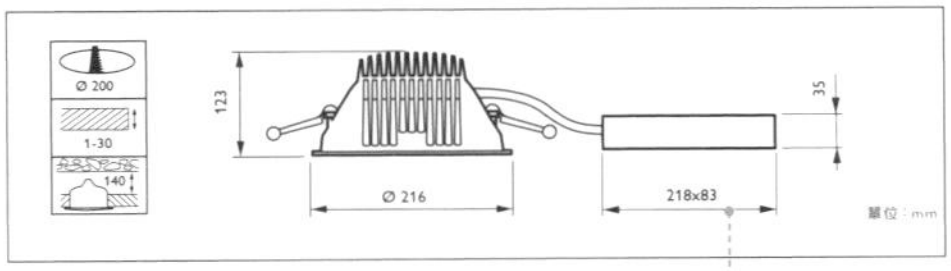

內部結構圖

Q05 如何選用品質有保障的燈具產品？

認明照明燈具相關認證，選購品質有保障。

市面上的燈泡產品非常多元，尤其是近年興起的LED，過去國家並未有一套完整的產品規範，各家標榜的規格、特色也參差不齊。為此經濟部標準檢驗局（BSMI）已公佈於2014年7月1日後開始執行LED燈泡CNS規範，因此7月1日後進口或生產的LED燈泡皆須通過CNS規範始可販售。除此之外，在選購燈泡時可以掌握幾個大的原則以確保品質：

1 國家節能認證：為經濟部能源局節能標章，產品貼上這圖樣，代表能源效率比國家認證標準高10％~50％。

2 國際IEC認證標章：為國際電工委員會（IEC）針對光對生物的安全認證，包含紫外線、紅外線及藍光之檢測。

IEC

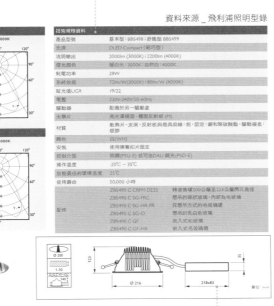

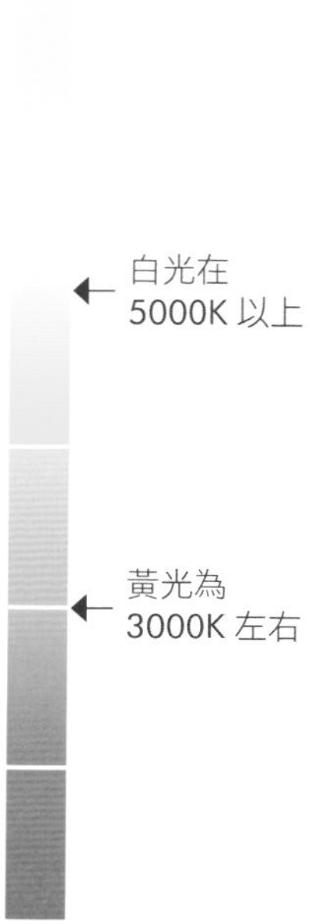

Q06 不同的空間、功能如何選擇適當的燈泡色溫？

工作區適用色溫約 5000 K的白光，休閒區適用色溫約 3000 K的黃光。

其實白光、黃光沒有哪個一定比較好，主要還是要以人的視覺感官為主，通常可以「功能」和「空間」來區分使用方式：

1以功能區分：白光顯色較真實，照射的對比較大，趨向太陽光、色溫偏冷，所以適合於工作性質的照明使用，環境光源較明亮清晰，可以提振精神；黃光因為色溫的關係，有視覺溫暖的感受，以及照明的對比較小，適合在人際關係、氣氛上的塑造。

2以空間區分：燈光顏色是用色溫來分，常用的色溫是從 3000 K～6000 K不等，也就是由黃至藍，廚房、工作區域、書桌檯燈、梳妝檯可用色溫較高的光源，色溫低的光源則適用於臥室、餐廳、需要間接照明的區域，有助於營造氣氛。

Q07 家裡想裝省電燈泡，不過CFL、CCFL和LED這幾種省電燈泡的差異在哪裡？

省電燈泡特性與效能各有不同，最好依空間需求安裝適合的省電燈泡。

CFL省電燈泡使用時，至少需要3分鐘的預熱，才能達到最佳光源效率，使用時盡量不要頻繁的開關，容易減少使用壽命。相較之下，CCFL冷陰極管與LED燈的耐點滅性高，若空間需要經常開關電源，建議使用 CCFL 或 LED 燈泡較為適合。不過 CCFL 燈泡的管徑非常細小，相對質量較輕，施工時易壓碎，須小心使用。而LED燈發散光源屬於「點光源」，光源集中，方向性明確，不似省電燈泡的照明範圍廣，因此不適合當成家中的主要光源，可用於走玄關、走廊等局部空間。

・省電燈泡比一比

屬性	光效（lm/w）	壽命（hr）	色溫（k）	演色性	發熱溫度	耐點滅性	耐摔耐震	操作	價格帶
CFL & CFL-i燈泡	55	6,000～15,000	2,700／6,500K	85	高	低	不耐摔不耐震	啟動時，閃爍	NT. 200～650元
CCFL燈泡	58	>20,000	2,700／4,600／6,200	82～85	低	高	不耐摔不耐震	啟動時，閃爍	NT. 300～450元
LED燈泡	70～80	>50,000	2,700／6,500K	70～90	低	高	耐摔耐震	一點就亮，不閃爍	NT. 100～1,600元

Q08 LED燈和省電燈泡一樣有節能效果，可否用來當作家中的主要光源？

點光源特性雖有改良，仍建議實際感受為佳，並注意預算考量。

以往大家認為LED燈發散光源屬於「點光源」，具方向性，光源集中，不似省電燈泡的照明範圍廣，因此不適合當成家中的主要光源，大多建議用於玄關、走廊等局部空間。但隨著技術的進步，市面上可替代傳統省電燈泡的LED燈已愈來愈多，而且除了以前強調高亮度的正白色產品，也有黃光可選擇，透過燈光外殼的設計，光線表現性已相當趨近於省電燈泡。不過，雖然LED燈強調壽命長且亮度表現更優異，但是目前價格仍不斐，也是讓消費者卻步的原因之一。

Q09 除了選用節能燈泡之外，開關配置和設計是否也可達到節能？

節能的光源設計主要在於利用開關的事先設計與靈活控制，讓光源可呈現更不受限制的利用，只在需要的地方或時段使用。

現代生活除了追求便利、舒適之外，更要講究節能與環保設計，因此，燈具、照明廠商也不斷地推陳出新，研發出愈來愈多的節能光源，但是除了省電燈泡外，從一開始的光源設計與燈光的開關配置著手，也可以達到節能目的。

1感應式照明可避免不必要的光源浪費：例如玄關、走道或者庭園陽台的光源可採用感應式照明控制，當有人靠近自動開燈，無人時則自動熄燈，以便省下不必要的耗電。

2利用調光設備來節省電力：擔心客人來時燈光不夠亮，但只有一人在家時電燈全開又太亮，不妨利用可調光設備來控制光源，當深夜時調暗燈光可增進氣氛，也可節省電費。

3多段式開關設計：想要提升光源使用的靈活度，可將間接光源依亮度做二至三段式開關設計，如此可視需要來開燈，也可讓空間有不同的亮度與氣氛表現。

Q10 燈泡在外盒上標示「全周光燈泡」與「非全周光燈泡」適用的燈具與特色，主要是在說明什麼呢？

與光源擴散角度有關，根據燈具型態選用合適燈泡，光源不浪費。

簡言之為光線的擴散角度：全周光發光角度較大，通常可到300°以上，光線均勻無死角，適用於立燈、桌燈和壁燈，燈具上下方光線較為均勻柔和；非全周光發光角度較小且集中，適用吊燈或嵌燈等下照型燈具，減少光源浪費，更為節能省電。

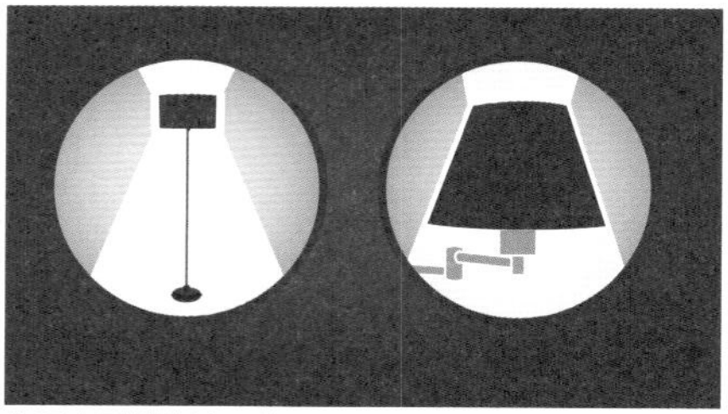

全周光型燈泡適用燈具。
圖片提供＿飛利浦

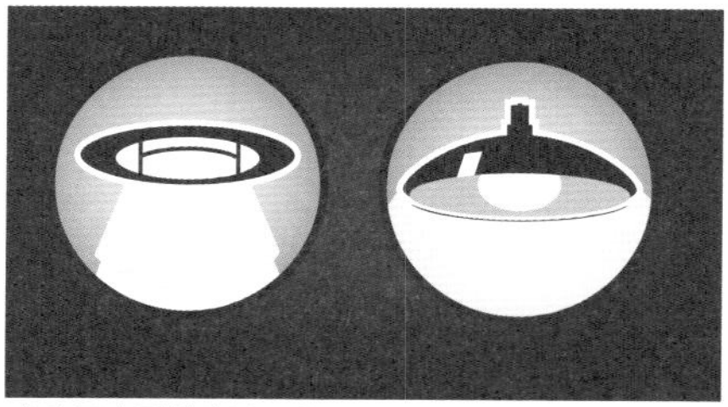

非全周光型燈泡適用燈具。
圖片提供＿飛利浦

Q11 如何判斷燈具照明設計的好壞？

照亮物質時，注意燈具在45°切線是否為暗的，而且燈具本身不會有眩光或過亮干擾的情況發生。

照明設計所扮演的角色不是主角，它永遠是個輔助性的配角，它的存在可以把主題表達得更美、更淋漓盡致。因此在挑選一個好的燈光照明工具或燈具時，必須注意以下幾點：

1照亮物質時，注意燈具在45°切線是否為暗的：判斷一個功能性燈具設計的好壞，只有一個很簡單的原則，那就是當燈具點亮時，物體被照亮後，燈具本身在約45°切線外是暗的，這就是設計正確的燈具。

2燈具本身不會有眩光或過亮干擾：所有的燈光設計主要是透過光來詮釋被照物的設計元素，而不是欣賞燈具本身的眩光，否則眼睛的餘光很容易被過亮的光源反光所干擾，反而不能舒適地欣賞照明設備所要詮釋的情境。

3利用燈光營造精緻效果及想像空間：燈光設計不一定要做全面的照明，許多時候以局部的照明做詮釋反而更有精緻的效果。即使以照明做勾邊、框邊也可以很美，並可做到精緻便宜；只做角落的局部說明，或是天花上的精采設計，當把中間部分放空，效果會更美，甚至可產生想像空間，或有如飄懸在上空的效果，使空間看起來更高。

4利用光元素平衡空間美感：好的照明設計所呈現的效果是光元素美的平衡，是用燈光把所要詮釋的物體表現出來，但居住者卻看不到燈具的本身。所以在使用功能性的燈具時，燈具不可以出現太明顯或過亮的情況；甚至燈具最好是隱藏不見，如果非要外露不可，就必須是美麗的外觀呈現。

好的照明設計所呈現的效果是光元素美的平衡，而非過亮或搶了空間設計的細部美感。圖片提供＿光合空間設計

Point 2

照明的方式

空間中光源的照射方式千變萬化，主要可分成直接照明與間接照明，又可根據不同的投射角度與方式，產生出各式不同的功能與效果，建構出在天花板、牆面至整體空間的光影面貌，打造個人喜好的照明環境。

Q01

最近新家準備裝潢，設計師說明燈光有分直接照明和間接照明，如何去辨別？

以發光體是否透過其它介質反射，來判定是直接照明或間接照明。

照明方式依照不同的設計手法，可初步分為直接照明與間接照明，但在應用上又可細分成半直接照明、半間接照明、直接間接照明以及漫射型照明。一個空間中可以運用不同照明方式來交錯設計出自己需要的光線氛圍。

圖片提供__澄橙設計

直接—間接照明	漫射型（全般）照明	半間接照明	間接照明	半直接照明	直接照明	照明分類
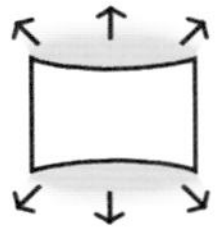	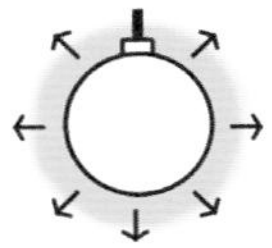	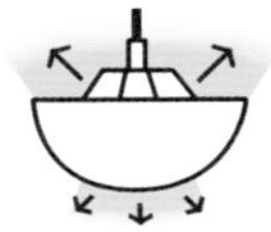	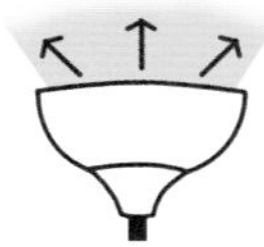	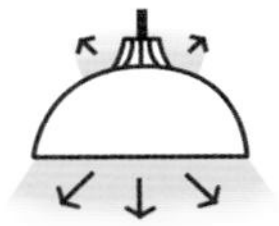	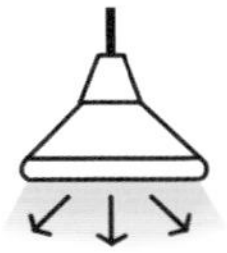	
發光體的光線一半向上、一半向下平均分布照射	發光體的光線向四周呈 360° 的擴散漫射至需要光源的平面	發光體須經過其他介質，讓大多數光線反射於需要光源的平面	發光體須經過其他介質，讓光反射於需要光源的平面	發光體未經過其他介質，讓大多數光線直接照射於需要光源的平面	發光體的光線未透過其他介質，直接照射於需要光源的平面	光線方向
50%	40% ～ 60%	60% ～ 90%	90% 以上	10% ～ 40%	0% ～ 10%	上照光線
50%	40% ～ 60%	10% ～ 40%	0% ～ 10%	60% ～ 90%	90% 以上	下照光線

Q02 直接照明和間接照明，選擇燈泡的標準是否會有差別呢？

燈泡只是照明基本元件，同一燈泡因不同設計方式可呈現直接光與間接光的表現。

直接照明方式的光源效率可達90％以上，因此，採用直接照明所設計的空間最具節能效果；而間接照明方式因經過燈罩材質做反射，會造成光線衰減，在亮度上較直接照明低，但是光線表現較柔和，可營造出較放鬆的氛圍。

不過，燈泡選擇的關鍵並非由直接或間接照明的設計方式來判斷，陳芬芳行政總監進一步說明：選擇哪一種燈泡的主要依據，在於配合不同燈具的配光曲線需求，同時還要考量搭配空間與燈具造型的演出。而專家則提到燈泡主要為提供光源，大部分燈泡都可被直接照明或間接照明使用，端賴使用者如何設計運用，以達成自己需要的燈光效果。

Q03 居家空間用直接照明是不是比較亮，有哪些實際的做法呢？

對空間的亮度感受每個人不同，也有地域差異，台灣多直接照明，歐美偏間接照明。

居家照明設計就像空間風格設計一般，與個人情感及美學息息相關，同時也具有民族地域性。一般而言，台灣居家環境對於照明的亮度需求較歐美國家高，因此，直接照明的使用比例也較高，但是在歐美居家中則偏重間接照明。以下說明直接照明的優缺點及常見設計形式。

1優點：可將所有的光通量照射在空間裡，運用最低的消耗電力達到該有的照度需求。

2缺點：光源直接照在空間，容易產生眩光等不舒適的感覺，讓居家環境無法達到紓解壓力的放鬆效果。

3常見設計形式：一般居家中最常見的直接照明有安裝於天花板上，直接照射下來的主燈，或者下照式嵌入型燈具，可以讓照射區有立即打亮的效果。

直接照明比間接照明耗電量低且亮度高，但容易有眩光問題。圖片提供＿歐斯堤有限公司

Q04 直接照明亮度高，但是聽說這種燈光下看久了眼睛會很不舒適，是真的嗎？該如何改善？

引發刺眼感受的是燈光輝度，而非亮度，應避免有直視發光體的照明設計。

許多人誤以為直接照明的高亮度是讓眼睛產生不舒適感的主因，但其實刺眼的感覺並不是因為燈光照度太亮，而是因為直接照明的輝度導致眩光現象，若因此而降低了空間的整體照度，可能造成亮度不足的情況。

針對此種情形，在進行直接照明的設計時，可以考慮做一些適度的改善：

1選擇遮光角度較大的燈具，盡量避免眼睛直視燈光的情況。

2若家中房屋高度較低者，建議最好以間接照明取代直接照明，以免因直接照明的光線與眼睛距離過近，容易導致直視光線的刺眼感覺。

3在燈光設計時應注意讓空間保持均亮，減少明暗對比過強，讓眼睛更不舒服。

4在選擇燈具時應將防眩光因素考量在內，為提升燈光舒適性，有些照明設計在研發產品時就已將發光體嵌藏入燈具中，避免讓刺眼的光點外露於天花板上。

圖片提供 _ 歐斯堤有限公司

將發光體嵌入燈具中，光點不外露可改善眩光情形。

Q05 如果全室都用間接光源進行照明設計，會有那些優點和缺點呢？如何去改善？

間接光源照明最大的缺點就是較耗電，無法達到環保節能的效果。

對於熱愛溫暖居家氛圍的人，可能會希望全室均採用間接光源來進行照明設計，不過，這樣也有其侷限與優缺點，建議可權衡利弊後再選擇光源設計。

1優點：間接照明其原理是利用反射手法將燈光導出，不會有直接目視發光體的刺眼感，整體空間的亮度是藉由材質表現反射、或折射出來的，可以達到更舒適的效果。間接光源的方向性可來自四面八方，如整體光源亮度足夠時也可營造出均亮的空間感。

2缺點：由於發光體被遮掩起來，光源無法百分之百地照進空間裡，所以想要達到該空間基本的照度需求時，相較於直接照明設計，則需要花費更高電力去達成，產生耗電的缺點。

3改善方法：可以在主要的光源使用面，例如桌面或閱讀區加入直接照明來補足應有的照度。不過，因每個人對於燈光的感受性不同，並無一定標準，因此，對於空間亮度要求不高的人，只用間接光源照明也無妨。

每個人對亮度的感受性不同，視空間活動需求搭配直接 + 間接照明的方式比較常見。圖片提供 _ 水相設計

Q06 間接照明在居家環境有哪幾種常見的實際應用方式？

運用燈槽設計、或以燈罩遮蔽光體，再將光源導向牆面即可完成間接照明。

間接照明提供的光源在感受上較柔和，有助於讓置身其中的人放鬆心情，因此，是相當適合居家中廣泛使用的光源設計。在實際的居家應用上可分為下列幾種不同做法。

1間接光源設計常見設計於天花板側邊，配合木工作出的燈槽，將線性燈具（如日光燈管）藏於燈槽內，以反射的方式將燈光間接導出。

2燈槽的設計有很多種，一般可以設計向下照射者，讓光線可導向壁面，打亮牆面與空間；或者向上照射者，讓光線導向天花板中間，成為輔助照亮的光源。

3不需木工，讓光源以上、下照式的壁燈型態呈現，同樣可讓牆面或天花板獲得柔美的間接光源。

4選擇上照式或者將光源方向性導向壁面的立燈或檯燈，讓光源不直接照射於需要的平面上，也是間接光源的一種。

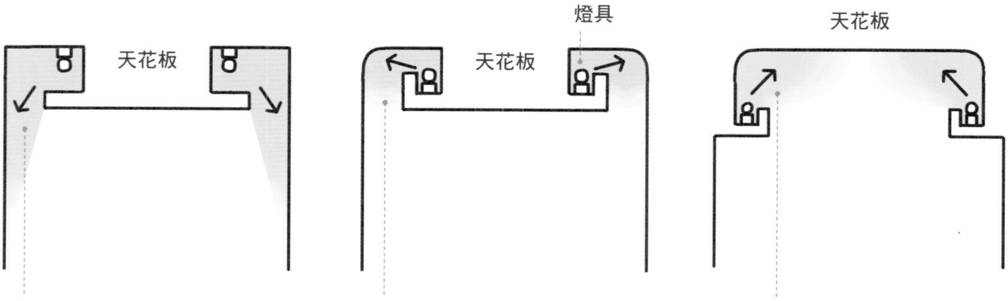

將光線導向壁面的設計　將光線導向天花板周邊的設計　將光線導向天花板中間的設計

Q07 裝潢時在天花板裝設了一整排的層板燈，完工後發現光線不連續有陰影，而且還隱約可看見燈具不甚美觀，裝設層板燈有哪些細節要特別注意？

燈具前後交錯可避免光線不連續，而提高燈槽前檔板高度就能避免燈具外露。

1 **狀況一：**無論是層板燈或者是採用燈槽設計的間接光源照明，若發現有光線不連續或陰影現象，可調整層板燈位置，將燈具與燈具作適當的交錯，彌補燈具側邊因安定器造成的黑影，即可改善斷光問題。

2 **狀況二：**層板燈會出現陰影現象，還有可能是因為燈槽內的線性光源距離背牆過近，導致光線無足夠距離作交錯作用。

3 **狀況三：**層板燈若可直接看見燈具時，可能是燈具的高度超過燈槽，可以選用形狀較細的中束型燈管；同時，在設計層板燈時應將燈槽當作是燈具的一部分，必須包圍住發光體，並確認導光動作完全到位。

4 **施作細節：**在進行間接照明的燈槽設計時，必須考量空間大小、房屋高度與需要的亮度，至於在燈槽的各部份尺寸則要隨著內置燈具的尺寸大小作考量，設計出適合的燈槽高度位置與其深度，同時也要注意燈槽前檔板的高度，以免燈具外露。

層板燈不當排列，
易產生不連續光影現象

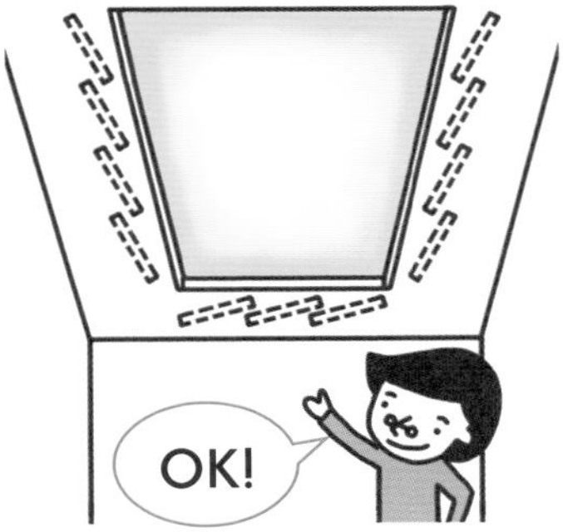

層板燈交錯排列，
可改善斷光問題

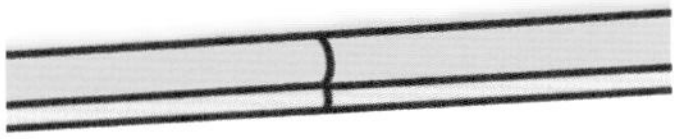
改良型無陰影層板燈，
可改善燈管接合處陰影的產生

Q08 聽說在天花板做間接光源裝潢會卡灰塵，尤其開空調後灰塵滿天飛，家中小朋友有過敏問題，是不是不適合做間接光設計呢？

空調出風口應避開燈槽位置，再搭配燈槽做定期清理即可。

做間接照明設計時會在天花板上做出凹型或L型的燈槽，主要是為了要將燈具藏放在裡面，但卻造成空氣中的灰塵容易附著於燈槽上，在長時間的灰塵累積後，若遇到空調或吊扇的吹動，確實會產生室內空氣品質劣化的問題。

對此，陳宇晃設計師建議，應將空調的出風口與燈槽的位置分開，避免灰塵受到空調氣流的帶動，而再次飛散在室內空間。而陳芬芳行政總監談到，間接燈光的設計是為了要提供空間更舒適的照明環境，雖有上述的問題，但是這個缺點可藉由定期的清理，達到改善落塵的問題，一般居家環境如利用吸塵器，大約30分鐘可以完成清理，除非房子位於落塵量特別多的地段，否則每隔2～3個月清理一次即可。

Q09 如果不在天花板裝設任何燈具，有什麼其他方式可以打亮空間？

透過現成燈具的安裝或擺設，也可以營造出不同層次的間接光源。

無論是在外租屋，或者不想再花木工裝潢的家庭，如果想要為居家增添更舒適、柔和的間接照明效果，其實也有簡便的方式。

1 可以去燈具店內挑選喜歡的單點壁燈，或者利用線性壁燈（管狀）做上照方式的安裝，即可在不動到裝潢的情況下達到間接照明的效果。

2 如果環境許可，可以選擇將燈光放置於地面上，從地板由下往上照，但是此手法需要特別注意眩光問題，例如選擇可埋地式的燈具，或者可將燈光放入盆栽內，藉植物枝葉的遮掩來避開刺眼的感受，必須依不同的環境條件來做設計。

3 立燈也是不動裝潢的間接照明方式之一，幾乎沒有任何條件限制，而且在造型上也有滿多選擇，也可成為風格造型的元素之一。

圖片提供＿頑渼空間設計

適當地選用立燈在空間中有畫龍點睛之效果。

Q10 如何選用適合的燈具，打亮表面凹凸有質感的牆？

可以視情況選用投射燈、壁燈、嵌燈、洗牆燈以直接照明或間接照明的方式來打亮牆面。

李智翔設計師說明，間接照明、投射燈、壁燈都可以洗牆方式表現牆體質感，還可以考慮洗牆燈作為輔助光源，確保牆面上下都均勻地被照亮。利用裝設在天花板的投射燈具來做出效果，約每隔個100公分左右佈一個投射燈，產生有層次距離的光暈，透過亮面與暗面的分布，突顯出立體質感。至於燈具設置位置距離牆面多少公分為佳？沈冠廷設計師建議，表面凹凸有質感的牆，適合以投射燈具距離牆面約30公分自上或下洗牆。

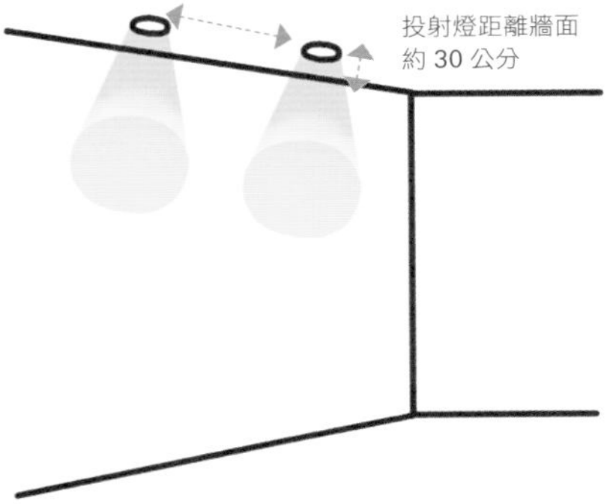

燈光與牆面的色彩與材質之間也都有著緊密的互動與影響，在設計上要注意到兩大準則：

1 牆面色彩：亮面或淺色牆面可以讓光產生反射性，而暗面與深色牆則有吸光效果，設計時須斟酌調整燈光的亮度。

2 牆面材質：牆面的選擇上應該避免具有反光效果的面材，以平光的為宜，例如玻璃則以霧面為佳，不要採用鏡面，以免影響了光線的勻亮效果。

以天花板嵌燈向下打亮質感牆壁。圖片提供＿馥御設計

以天花板嵌燈打亮牆面。圖片提供＿頑渼空間設計

Q11 在室內設計及雜誌上常見的照明洗牆效果，有幾種常見的設計方式？

由上而下、側面或由下而上不同的投光角度，產生不同的洗牆效果。

重點式的照射空間中垂直的牆面，透過牆面光線的反射，可以營造空間的放大與挑高感，也讓人感覺更加明亮。可針對牆面從各種不同的角度投以光源：

1 由上而下打光：在牆面上方設計光線向下照射的線型燈溝，或者以安置於天花板的嵌燈手法向下打光，讓燈光可均勻照亮牆面。

2 從側面打光：運用燈槽手法或者埋入式的設計，在牆面上做出側面打光，同樣可以洗亮牆面。

3 由下而上打光：可由地面置燈向上打光，不僅打出光亮的牆面，也有提升屋高感覺，重點是設計時燈與燈之間的距離安排要與屋高相等，避免二個燈光之間有陰影。

圖片提供 _ 沈志忠聯合設計

牆面使用了特殊塗料做成岩石紋理，以 T5 日光燈由下往上投射，不但讓走道空間感變大，也兼具視覺導引演繹了走道的功能。

以天花板的嵌燈手法向下照亮牆面。
圖片提供 _ 水相設計

從地面置燈向上打光，有提升屋高的效果。圖片提供 _ 歐斯堤有限公司

Q12 根據呈現在牆面上不同光影型態，可以如何進行照明設計？

選用不同的燈具，透過點、線、面三種不同洗牆方式，活化壁面表情。

根據光影投射在牆面的型態，沈冠廷設計師將洗牆手法分為點線面三種：

1點：利用窄角燈具（8°～25°）與近乎與壁面垂直方式，投射出圓形光點，加以組合。不同燈具和角度都能形成大小不一的光點變化。

2線：利用窄角投射燈具以貼近壁面方式平行洗牆，創造出光的線條。

3面：以廣角燈具或泛光燈具均勻投射壁面，提供均勻的間接照明。

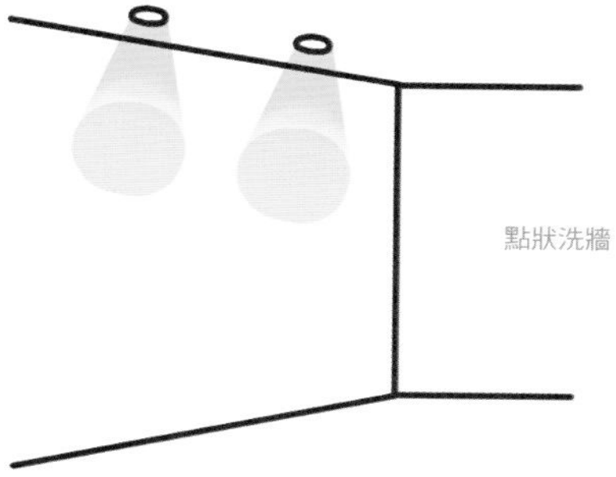

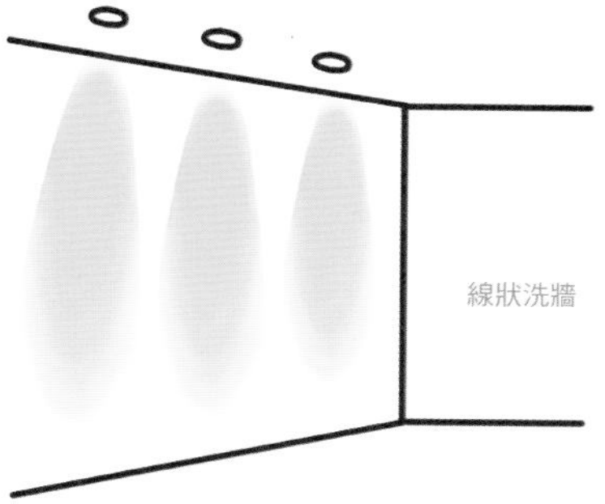

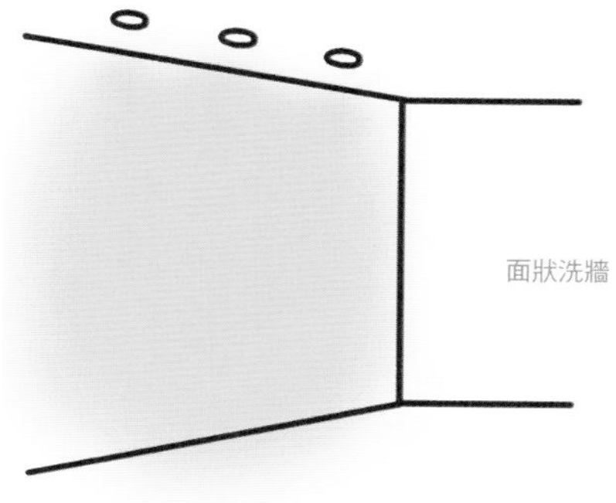

Q13 想在客廳的電視牆內加入間接照明設計，讓牆面看起來更氣派，不知道有沒有什麼要注意的事情？

電視牆周邊的間接照明不可影響電視的影像效果。

燈光的設計考量緣起於不同區域的生活行為模式，客廳內主要的行為模式為聊天、聽音樂、看電視、以及親友交誼等，因此，在電視牆的規劃上常見搭配間接照明的設計，希望可以藉由提高亮度來美化主牆。

不過，除了間接光源在亮度與設計上不可造成目視的不舒適與眩光感受外，另一方面，因為電視牆的主角電視本身也是發光體，若想在電視櫃周邊做間接照明設計，得考慮二者的亮度是否會有互相衝突的情況產生，尤其間接照明的亮度會不會降低了電視的影像效果，導致喧賓奪主的窘況。

Q14 常聽到流明天花板，可否用類似的方式應用在家中的牆面、柱體或地板？有哪些重點須考量？

流明光源體在設計時要先考量日後的維修與維護問題。

流明天花是裝潢設計常見的做法，也是早期即被運用在居家內的照明設計，一般做法就是在天花板上選定位置與大小範圍做一內嵌的燈箱，將燈具安裝於燈箱內，底下再覆蓋上玻璃、壓克力或其它透光材質，內部可依需要選擇做線性燈具或點狀燈具設計，讓照明形成一個平面的光源體。

在愈來愈多的設計創意與多元需求下，流明天花的設計概念也被轉移運用在牆面、地板或者柱面上，尤其是商業空間中相當普遍。流明發光體的設計難度雖然不高，但是在設計之時仍要考慮發光效率的折損，這與覆蓋燈光的介質息息相關。另外，就是日後的維修與維護的問題，必須事先考量，以免燈具損壞時不易維修，反而變成空間內的一大暗點。

流明天花板的概念也可被用於壁面或地板的照明設計。
圖片提供＿杰瑪室內設計

Q15 很喜歡變換家中擺設，牆面上的掛畫也經常變換位置，是不是有更靈活運用的燈光設計？

軌道燈可隨意橫移與變化照射角度，對於經常變化居家擺設者相當方便。

過乏了一成不變的生活嗎？如果你是常常喜歡變化居家擺設的屋主，不妨可以考慮運用外掛式的軌道燈設計，讓燈光與空間可以配合做出更靈活的裝飾設計。

不過，此類設計必須在室內裝修之初就事先做好燈光計劃，先選定好可能掛畫的牆面，在與其對應的天花板上訂出打光距離與位置，接著安排軌道燈的線路。如果不想要看到外露式的軌道，可選用將軌道隱藏在天花板內的設計，由於軌道燈上的燈具可以左右橫移外，還可以改變燈光角度，非常適合用來照亮不固定位置的展示品。除了燈光使用的便利性外，軌道燈因為燈具本身具有工業感，所以，也常應用於Loft風格與現代風格的居家中。

靈活運用軌道燈，照亮不同角落。
圖片提供＿珞石設計工作室

Q16 聽說最好的光源設計同時要有普遍式、輔助式與集中式三種，請問這三種燈光運用有一定的比例分配嗎？

普遍式照明是空間亮度的主要提供者，次為輔助式，集中式則視個人需求安裝。

從燈光設計的理論上來說，光源可分為普遍式、輔助式與集中式三種，普遍式屬於基礎照明，用來打亮整體空間照度；輔助式則是局部照明，可視之為重點燈光，例如立燈或檯燈；最後是營造視覺趣味的集中式照明，如展示收藏品或藝術花瓶的聚光燈。

不過，光源是有情緒性的設計，隨著不同使用者而有其主觀的需求，例如有人喜歡均亮的空間感，也有人偏好明暗反差大的空間，這些個人因素都會影響燈光設計與比例分配，歐斯提照明專家即認為各式照明都有它自己的使命存在，難以做比例切分。但東亞照明專家從基本運用的角度上建議，普遍式與輔助式可採8：2的比例來分配，而集中式則視個人需求再決定是否使用。

此外，陳宇晃設計師提出，未來燈光設計可朝情境光源控制來解決燈光比例的問題，他認為空間在不同時段或情況下會有不一樣的燈光需求，應事先整合設定常用的數種情境，讓燈光的表情更完美到位。

不同情境的燈光設計。圖片提供＿聯寬室內裝修

Point 3

照明的配置

選擇適合的光源和了解投射方式後，接下來整體空間照明的配置便是最為關鍵的地方，例如從希望營造的照明感覺到細部各種不同的空間需求，以及不同家庭成員對於照明環境的特殊需求，甚至用照明手法來放大空間感，透過各種不同的設計巧思，讓燈光變成輔助生活的最佳工具。

Q01 與設計師就居家照明的規劃上進行洽談時，屋主需要預先提供給設計師哪些資料？

房子的座向及開窗位置、大小，及想要在家營造的氛圍。

對於居住空間的照明規劃，屋主可掌握以下兩個要點，針對住家的燈光使用需求和希望營造的氣氛與設計師溝通：

1房子的座向影響自然照明的時間及區域：在第一次跟設計師洽談時，陳鵬旭設計師建議要先跟設計師說明房子的座向及開窗位置及大小，若能附上整個空間的平面圖是最好的溝通方法。

2各個空間裡想要營造的氣氛及明亮度：袁宗南設計師表示，屋主對於燈光很難說出比較具體的想法，一般僅會要求明亮及氣氛，最多就是能不能節能省電等，而不會談到照度或色溫等專業問題。當然若有特殊需求，如想要營造家庭電影院或是加強夜間導引燈光……等都可以在此溝通。但若要做到實際的燈光配置，就必須由專業設計師拿著專業的儀器，如照度表、指南針、安培計等，在現場進行測量及規劃。

Q02 居家照明從溝通、設計、施工、測試到完工，大致上會有哪些流程？

居家照明的流程：與屋主就照明需求溝通↓現場勘景測量↓規劃平面配置圖↓屋主確認平面配置圖並簽設計約↓出天花板設計圖及燈具配置迴路圖、開關插座配置圖↓屋主確認後簽工程合約↓水電拉好管線↓泥作退場↓木工天花進／退場↓水電挖孔↓油漆進／退場↓在地板進場前，水電裝燈及開關↓測試↓完工。

一般住宅設計案，大多將照明設計依附在天花板設計中，較少單獨拉出來規劃及設計，除非是大型空間設計案，如百坪豪宅，才有可能邀請專業的照明設計師進駐與空間設計師一同規劃。當然，在規劃空間照明時，有幾個重點要注意：

1最好從毛胚屋即現場勘景：袁宗南設計師表示很多人會忽略燈光照明的配線及迴路設計，往往認為只要透過天花板拉線即可，其實最好從現場勘場開始，才能掌握每個空間裡自然光源的停留時間，及哪些地方應補強規劃人工照明，甚至可以了解天花板的高度，以及當迴路設計在天花板行走時，與空調、灑水頭設備位置是否衝突。

2燈具形式、迴路規劃、安培數計算、照度計算規劃一樣都不能少：陳鵬旭設計師就專業的燈光設計而言，為搭配室內的採光及空間的風格設計，因此就硬體的部分，像是迴路規劃、安培數及每個空間的照度計算外，燈具形式也是必須考量的重點之一。

3專業照明設計師還會做套圖的步驟：袁宗南設計師說明若邀請專業照明設計師協同室內設計師規劃的話，還會做套圖的工作，將照明的平面及立面與室內設計的天花板及立面櫥櫃合圖並做現場監工及調光工作，以確保燈光位置是符合當初設計時的需求。

現場勘景著重於原始樓板高度及原本的水電配置、撒水頭及樓上給排水管線位置。
圖片提供 _ 袁宗南照明設計事務所

Q03 在居家的燈光設計上，設計師會依照什麼標準來規劃呢？

照度曲線圖、空間照度表及各種常見人工光源的發光效率表。

想要居家享受放鬆的照明設計，並非只有昏黃的燈光照明就可以營造出來，因此光源的色溫及照度，不只影響空間給人的照明感，更重要的是氣氛的營造。在國外，燈光設計是一門十分專業的學科，而設計師在規劃空間照明時，除了要觀察自然採光外，還會依據一般常見的照度對照表，如照度曲線圖、空間照度表及各種常見人工光源的發光效率表，設計師及一般屋主在規劃居家照明時皆可以參考。

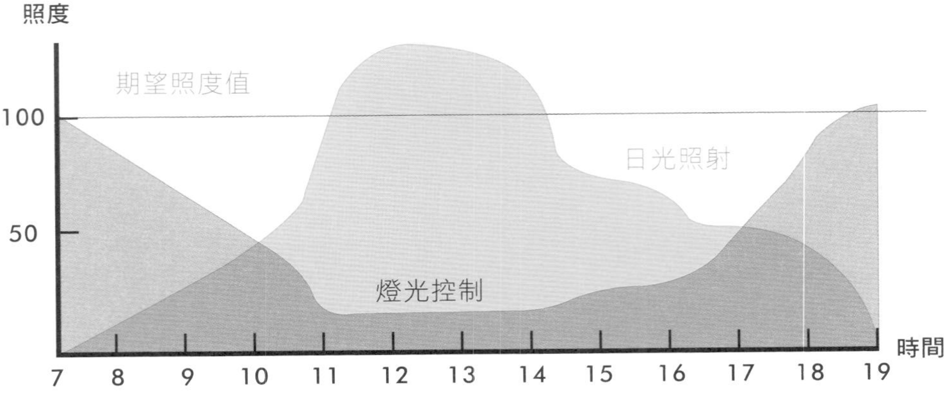

自然採光與人工照明所形成的照度曲線圖：最理想的狀況是早上 10 點到下午 5 點，主要由自然採光提供室內照明；中午 11 點到下午 2 點的太陽通常最強，人工照明需求可減至最低。傍晚以後則以人工照明為主。
（此圖參考澄毓綠建築設計顧問提供資料重繪）

Q
04

在照明設計階段，設計師會透過什麼方式來呈現照明實景？讓屋主可以更具體了解到空間照明的實際運作情形。

透過照明模擬立面圖及空間照明實例情境圖，讓屋主事先理解及感受。

設計師與屋主就照明設計進行溝通的過程中，屋主通常會指明想營造如五星級飯店的燈光感受，或是某一間餐廳的光線氛圍。但若是依此規劃照明設計，恐怕居住不久就容易產生煩躁而待不住的感受，或每隔一陣子就想換燈的動作。因此在設計前期的溝通，如何讓屋主實際去了解整體的燈光氛圍，便成為設計師溝通的重要技巧。根據袁宗南設計師及陳鵬旭設計師的說明，主要可以透過以下二種方式去呈現：

1 提供相關的空間照明實例情境圖說明：這是室內設計師常會進行的溝通模式，透過之前所做的作品或是從網站上搜尋相關圖片跟屋主說明燈光設計的層次及氛圍，甚至是建議燈具都可以依此為依據。

2 提供模擬燈光立面圖，讓屋主更了解：袁宗南設計師表示，若是找專業的照明設計師，則除了提供照明平面配置圖外，同時會跟室內設計師要求立面圖，並將燈光照明套圖模擬並加以說明，讓屋主更清楚知道照明的範圍及位置，以及每個照明所營造的功能及氛圍為何，為空間設計更加分。

設計師常利用之前做過的空間案例說明哪些是間接照明或直接照明，以及燈具的配置所呈現出空間整體的氛圍。圖片提供＿光合空間設計

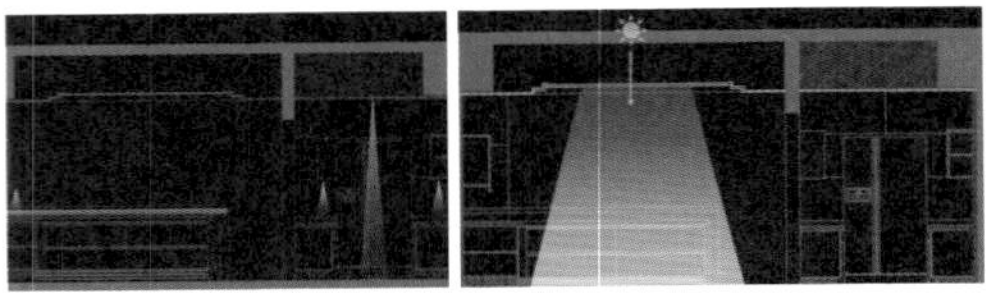

透過模擬空間燈光照明的立面圖，讓屋主更加了解燈具會安裝在空間中的那些細節裡。圖片提供＿袁宗南照明設計事務所

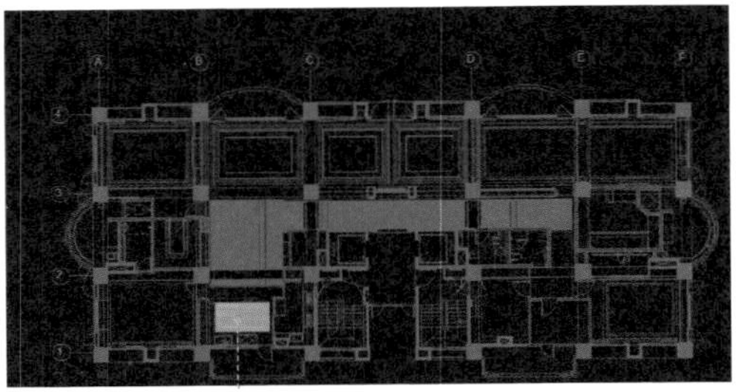

平面圖中所標示的灰色區塊，將設計一面如同自然採光的天井。圖片提供＿袁宗南照明設計事務所

Q05 居家設計中和照明相關的裝潢費用會牽涉到哪些項目？詳細內容與價格為何？

居家設計中的照明部分，會涉及到設計費、設計圖、設備費用、施工、水電……等。

就目前的室內設計而言，燈光照明設計是附屬於空間設計中，除非是豪宅等級的空間設計，或是商業空間或建築照明，否則很少會拆分出來。但在國外則分工較細，燈光會由專人負責。基本上，關於照明費用方法分為以下幾部分來說明：

1當照明設計涵蓋在空間設計裡：居家設計中的照明部分，會涉及到設計費、設計圖、設備費用、施工、水電……等。但在市面上的設計合約是以一坪3500～6000元來計價的方式，則照明設計已涵蓋在設計師最後出圖的平面配置圖及立面圖外，還有天花板設計圖及燈具配置迴路圖、開關插座配置圖等這三張，是照明設計時主要依據的施工及設計圖。若是地板上有燈，則會再出一份地板規劃圖。

2施工及燈具費另計：一般設計師在出設計圖及設計約時，會出一份施工估價單，其中會有預計的燈具種類、品牌、數量，以及全戶的開關數量。但施工費比較難計算，因為除非特別需求，如安裝調光器或是全戶燈控設備，則會另計外，全部的燈光施工費用會涵蓋在水電費用上。不過，整體來看，全戶照明的費用，大約佔全部裝修費用約10％左右。若全戶施作調光器、人體感知器及燈控設備等智能型燈光設計，則佔全裝修費約40％左右。

3另找燈光設計師協助：其實拜科技所賜，燈光設計也愈來愈智能化，所以若是想要在居家配置專業的燈光設計，不妨可以跟室內設計師協調，另請專業的燈光設計師協助設計，其費用為1坪4000～5000元左右。其工作除了會出更詳盡的燈光設計圖，如客餐廳以及各個空間的燈光立面圖外，並會與所有外在單位合作及協調，還會親自至現場調光，讓居家燈光更貼近居住者的需求。

Q06 居家設計中常用的燈具有哪些?價格帶在哪裡?

透過照明模擬立面圖及空間照明實例情境圖，讓屋主事先理解及感受。

燈具的種類繁多，光是常用的T5燈管，就分為一般燈管及LED燈管，又有1尺、2尺、3尺及4尺的差別，而家中常用的省電燈泡，又因瓦數不同，則價格也不同，所以價格帶很難一語道盡。基本上，在採購燈具時有幾個重點要掌握：

1挑選有品牌燈具較有保障：市面上的照明品牌就有十多種以上，實在很難下手，建議仍以國際品牌為主，比較有保障，如飛利浦、歐司朗、東芝等知名國際品牌，台灣照明品牌也不錯，穩定度十分高，如東亞、旭光、湯石等老字號，都可以考量。

2太過低價的燈泡盡量不要買：現在有許多網路販售燈泡，價格十分低廉，設計師提醒這類產品最好不要碰，尤其與市面燈泡價差超過100元以上，有可能出產自中國大陸，其品質有待考核。

3購買時最好要先測試燈泡：若可以，最好在採購完燈泡能現場測試一下，才能確定燈泡是否正常、會不會產生閃爍嚴重問題、燈管左右兩端會不會發黑或過熱情況等等，都是挑選好燈泡很重要的指標。

家中使用的照明設計很多，在挑選燈具時必須注意品牌及容不容易更換。圖片提供＿光合空間設計

．居家常用燈泡及燈管規格及價格帶

價格帶（新台幣）	瓦數及原廠發光效率	燈具名稱
200～299元／個	23W	螺旋燈泡（白光及黃光）
200元（組）	28W／3000K	含汞T5燈管（分1尺、2尺、3尺、4尺）
500～750元（組）	21W／24W	T5 LED燈管（分2尺、3尺、4尺）
450～1000元（組）	12W	LED吸頂燈
250～550元（組）	平均照度：>475 lux（直徑100公分內）	LED軌道燈
450～750元（組）	9W或12W	LED AR111嵌燈（可調角度）
1800元（組）	28W	CCFL燈管

（以上僅燈具，不含施工費及電線費）

Q07

照明線路的安排，有哪些要點需要特別去注意？同時照明開關與動線要怎麼安排，才能符合實際需求？

照明線路最好能跟著動線安排，並分配燈光迴路，空間燈光情境多元變化。

居家空間的照明是以人為主，因此照明線路的安排應以人的動線為主，然後再去思考照明開關的位置，在規劃及設計上有幾項重點：

1分配燈光迴路：透過燈光迴路的安排，可以為生活帶來不同的氣氛，例如多切開關，能控制不同的亮度，選擇只亮一顆燈或者全亮，抑或開關切換主要照明及間接照明等，使空間的燈光情境能有更多元的變化。

2照明開關高度約手肘位置：為使用方便，會建議照明開關的位置不宜太高或太低，最適合在手肘的高度，並建議透過迴路設計，將開關集中，較易管理。

3雙切式迴路省去來回奔波：公共空間建議用多切式迴路，方便使用者因移動時隨手關閉不用空間的光源省去來回奔波。另外，在臥室採雙切式迴路，設置在床頭及門口，方便切換。

公共空間採多切開關，選擇只亮一顆燈或者全亮，抑或開關切換主要照明及間接照明等，使空間的燈光情境能有更多元的變化。圖片提供_光合空間設計

· 天花規劃圖

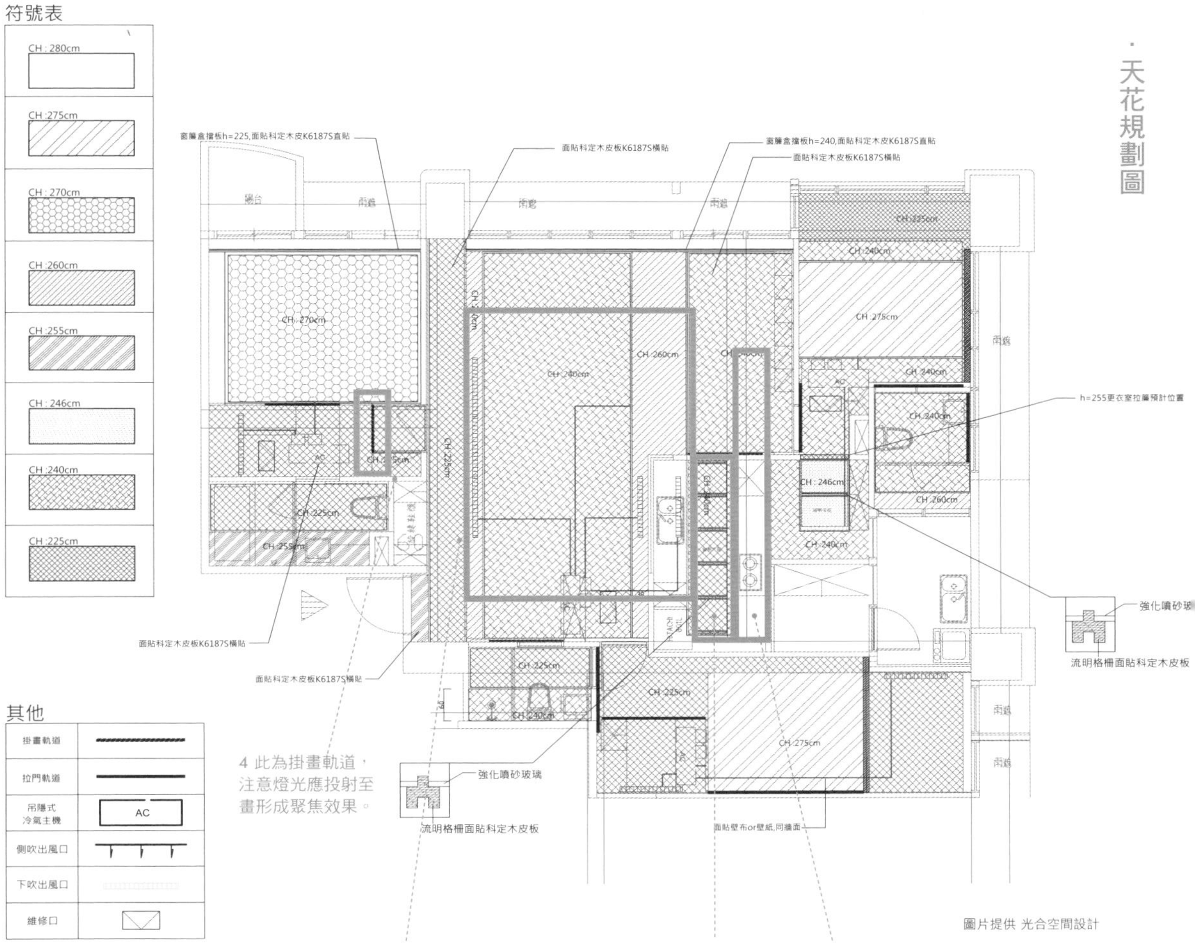

4 此為掛畫軌道，注意燈光應投射至畫形成聚焦效果。

3 燈具安裝時，要注意避開冷氣空調的出風口、空調位置及管線。

2 安裝燈具時要避開流明天花的骨架，以免遮光。

1 檢視預留天花板至樓地板高度是否適合安裝燈具，特別是柱下高度。

圖片提供 光合空間設計

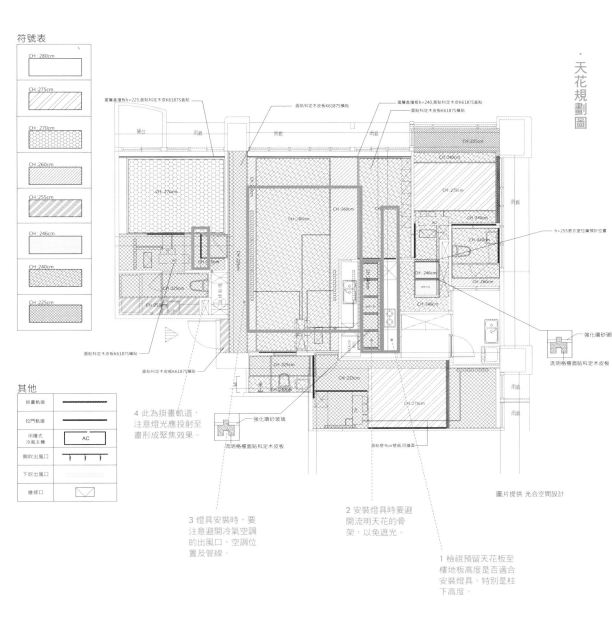

6 主臥雙切迴路設計，並操控主臥門口燈具。

1 利用 AR-111 投射燈為空間主燈。

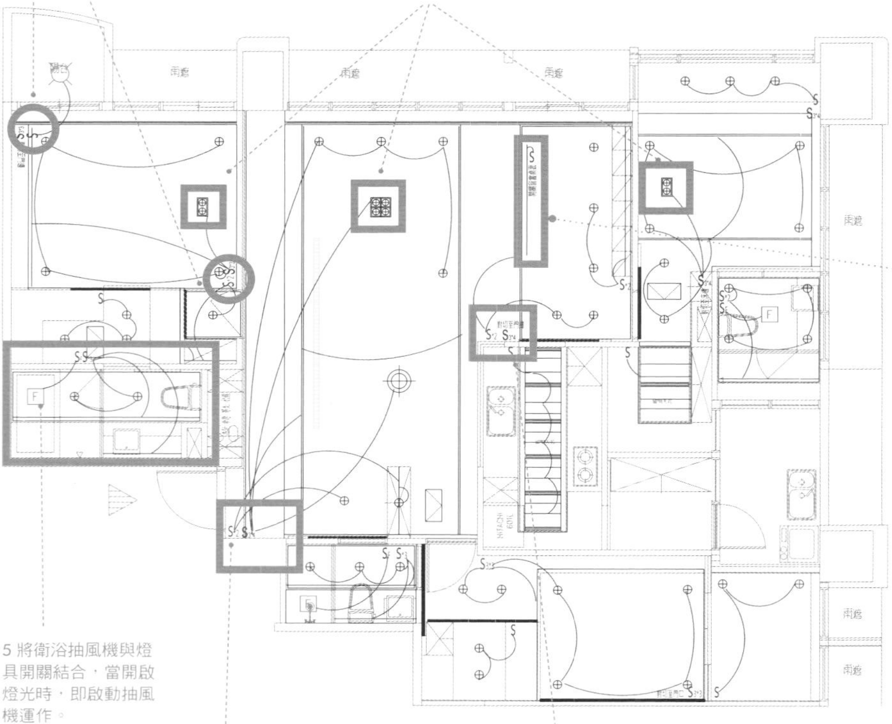

2 預留書桌桌燈及設備插座。

5 將衛浴抽風機與燈具開關結合，當開啟燈光時，即啟動抽風機運作。

圖片提供＿光合空間設計

4 在玄關設置二面板開關，一控制玄關燈光，一是客廳雙切迴路，分別控制主燈及間接光源的切換。

3. 此為空間重要動線匯集處，因此在這設置客廳迴路開關、走廊及書房間接照明、廚房的照明，方便屋主操控各空間燈光。

符號表

	特殊吊燈(另選)
	間接燈光<T5>
⊖	嵌燈（麗晶燈)
⊕	LED投射燈
	特殊壁燈

	AR-111投射燈<LED>
	AR-111投射燈<LED>
	AR-111投射燈<LED>
S	單切開關
S_3	三切開關(對開)
F	抽風扇

Q08 以玄關而言，照明的配置上有哪些重點？

進出時啟動感應燈具，以便點亮空間，同時節能。另鞋櫃及穿鞋區、掛衣區等都必須考量。

一般玄關都沒有對外窗戶，因此沒有自然採光可以輔助，必須仰賴足夠的人工照明。一般來說，暖色或冷色調的燈光設計都可以使用，要看空間整體的氛圍營造而定，但建議照度最好要亮一點，以免一進門給人晦暗或陰沉的感覺。至於功能方面，則有幾個地方可以注意的：

1門口安裝人體感應燈具：建議在門口安裝人體感應燈具，可以讓人在一進門時即自動啟動開關照明，當人離開時便關閉，讓人不用一進門還要找玄關開關，同時也省電費。

2鞋櫃下方或儀容鏡上方輔以局部加強照明，便於使用：玄關除了全室照明外，在懸吊的鞋櫃下方設計間接光源，照明客人或家人的外出鞋；另以筒燈或軌道燈加強收納或擺飾區的局部照明，形成焦點聚射，營造出理想生活。若有儀容鏡，則建議安裝在鏡子上方往下打，方便出門時整容。

3鞋櫃及收納櫃內加裝感應燈方便收納：很多人在玄關設計鞋櫃或吊衣櫃，甚至收納高爾夫球桿的收納櫃，建議不妨在這些收納櫥櫃內設計感應燈具，在開啟門時啟動，照明空間方便拿取及收納。

除了柔和的全室採光外，另在鞋櫃下方及擺飾處加強照明，方便使用及營造焦點。
圖片提供 _ 絕享設計

Q09

作為「回家」的第一個過渡空間及門面，在做玄關照明規劃時，在照明光源和燈具的選擇上，有哪些注意事項呢？

以輕快柔和的燈光為主、輔助性照明不可少、重點照明突顯視覺效果。

玄關雖是一個過渡空間，但實際上有不少機能隱藏在這個小空間裡，包括鞋櫃、儲藏室及穿鞋區、儀容鏡等等，重要的是必須讓客人明確知道從哪裡可以進入客廳，因此在玄關的燈光設計建議不可以搶過室內的照明。具體來說，應注意以下兩點：

1運用燈光組合將色溫控制在2800K有溫馨感：玄關是進門的第一個空間，講究舒適感，因此建議玄關色溫約2800K左右即可，不宜太亮，並可利用不同燈光組合營造，如吸頂燈全室照明、或用鞋櫃上方的層板燈間接照明打亮壁面及天花，再用投射筒燈、壁燈增強整個空間照明效果，讓柔和明亮的燈光能瀰漫整個玄關。避免只靠一種光源提供照明，容易造成空間的壓迫感。

2要注意燈光效果應有重點，不宜面面俱到：重點照明是住宅燈光設計中很重要的一部分，可以透過一幅畫、一些花草或是雕花等進行重點照明，甚至以梧桐木板裝飾鞋櫃門片，也可透過打光，讓木紋呈現，以突顯裝飾重點。

在玄關照明以柔和為主，營造輕鬆的迎賓氛圍，並在局部加強投射光源，營造視覺焦點。圖片提供＿羽筑空間設計

Q10 市面上常見的感應燈有哪些？安裝上除了玄關外，家中還有哪些適合裝設的地點？

以人體紅外線感應燈具最為常見，安裝地點因人而定，但建議玄關及孝親房最為適合。

早期感應燈具多安裝在室外，但近年來由於居住生活水準提高，以及銀髮族的安全需求，在室內安裝人體感應燈具的機會也愈來愈多。目前在市面上可見的感應燈具，包括：光感知器、人體紅外線感應燈、磁簧或彈簧式的拍拍手感應燈具、聲控感應燈具。而聲控感應燈具，因設定較繁複，因此較少人用外，前三者已多應用在居家空間裡，尤其是光感知器可以感測居家內自然光源的強弱而自然點起，即有節能照明及防盜功能，很受豪宅設計案的喜愛。人體紅外線感應燈除了玄關外，像長者房間的床底下、行進至浴室動線，甚至公共區域的走道等等，都是常見的安裝地點。

住宅感應燈適用地點與設置情況

地點	感應燈設置情況
車庫內外	主要以感應車子進出為主，可安裝有無線感應的配備，當車子快進入居家時，可遠端操控先開啟。
室外玄關	以照明為主，以方便拿取鑰匙或感應卡。
室內玄關	主要安裝在入口處，或是放置鑰匙或手機的置物平檯。
圍牆	照明外，最重要是感應是否有外人入侵而發報警告，因此設置角度很重要。
廚房飲水機附近	主要提供夜晚飲水時，避免被熱水燙傷。
儲藏室	可安裝在開門處，開門時點燈，以方便拿取東西，離開時關閉，以省電。
走廊及樓梯	建議視適當距離安裝，以方便行走安全。
臥室或孝親房	主要安裝在藥櫃附近，避免吃錯藥。另建議在下床處安裝感應式夜燈，避免下床行走時跌倒。
衣櫃門片後	可安裝拍拍手感應燈或人體感應燈，開衣櫃時燈亮，方便拿取衣物。
廁所	最好與暖風機設備連動，除了安全外，還可以延遲關燈，方便排風除臭。
客廳窗戶上方天花	此為光感知器，可以設定當自然光源低於某程度的照度以下時，自動開啟單一照明，可以是立燈或壁燈，達到節能及防盜效果，也營造在家點一盞燈回家的溫馨感。

Q11 在家裡安裝感應燈具有哪些必須注意的地方呢？

別裝感應器安裝在出風口、近熱源處及容易震動的地方。

感應式燈具分為迴路及電池，一般而言，若自己安裝多為電池式產品，但若是家中有配置 e-Home 之智能燈控設備，則可以與迴路結合，較為方便。而在家裡安裝感應式燈具，有幾項注意要點如下：

1 感應器與被感應移動物體間不可有物體阻擋：一般傢具、玻璃、櫥櫃、隔屏、橫樑、柱子等等，因會阻斷物體放射出紅外線而造成感應器無法偵測，燈具不亮燈情況。

2 安裝高度請勿超過4公尺：市面上合格的感應燈具均會附說明書，並會有規格標示之感應距離，而壁掛式感應產品請調整感應器鏡面與地面保持垂直角度。感應器若向下傾斜超過20°將會縮短其規格標示的感應距離。

3 請勿將感應器安裝於靠近出風口、易震動處：雖然現在感應器愈做愈精細，但相對下，其靈敏度也提高，因此建議在安裝時應避免：如空調送風口、容易震動處的夾層或樓梯下方、靠近因風而搖晃的植物或窗簾附近、無線電波強的地方等等。

4 避免容易受光及熱的地方：紅外線感應器原本就利用熱感感應，因此建議不可將感應器安裝在容易受光處，或有強烈燈光直接照射的地方，如鏡子、玻璃或爐灶、電器櫃附近。

Q12 就客廳而言，如何去進行照明配置，可同時達到實用、節能與氣氛營造的功能？

建議客廳照明少主燈，善用間接光源營造柔和光線、利用光感知器搭配調光器節能調光、善用立燈及桌燈等局部照明，營造光影層次。

照明設計是一門專門的學問，但是要讓屋主感受到燈光在空間營造的氛圍，就非常見仁見智了。因此在客廳如何營造一個回家可以很輕鬆的氛圍，在燈光配置上，必須連同自然採光一同考量。在客廳的照明配置上有三個重點要注意：

1 少主燈，善用間接光源營造柔和光線：以公共活動空間來說，除了白天的自然採光外，夜晚多半必須依靠燈光來營造客廳的照明，而色溫約 3000K 就能達到一般人對客廳要求的明亮度了，因此其實不需主燈，造成空間的壓迫感，甚至影響電視螢幕的反射，建議最好能在天花板安裝隱藏式燈管的間接照明，讓光線碰到天花板後再折射下來，產生柔和不刺眼的效果，且照明範圍也會變得更廣泛，達到明亮几淨設計感。

2利用光感知器搭配調光器節能調光：若可以，最好在窗邊安裝光感知器，可以配合自然採光的照度減弱而自動點起室內的照明，既節能又能營造家的溫馨效果。而調光器的搭配，讓客廳可以依需求而自動轉換燈光明暗度，如看電影時，可全室變暗；當家裡人多時，燈源可以調亮；孩子入睡後，客廳僅夫妻兩人使用談心就可調暗等等，依情緒轉換，讓燈光帶來家的多種面貌。

3善用立燈及桌燈等局部照明，營造光影層次：想要閱讀或需要在邊櫃上做事，就近擺座立燈或檯燈，做重點照明也能營造出空間的光影層次。但要注意檯燈燈罩邊緣，必須要比眼睛低，以視線不會直接看到燈泡為原則；立燈也是同樣，燈罩要高過眼睛的高度，光線才不會刺眼。

在天花板安裝隱藏式燈管的間接照明，讓光線碰到天花板後再折射下來，使光線柔和不刺眼，照明範圍變得更廣泛。圖片提供 _ 二三設計

Q13 電視畫面易受到空間中光源的反射影響觀看品質，可有針對照明解決的辦法？

不裝設主燈改以間接照明替代，並避免將空間中的光源直接投射在電視螢幕上。

拜科技之賜，使得液晶電視或電漿電視的螢幕愈做愈大，也讓客廳主牆顯得更為寬闊大器，甚至還有用投影機取得電視的空間設計，也蔚為潮流。但是若客廳光源設計不當，很容易影響電視反光效果，而使觀看品質及情緒變差，要怎麼做呢？在燈光配置上有以下幾點要注意：

1別把主燈設計在沙發及電視中間，易造成反光效果：一般住家裝主燈的位置，多半是沙發和電視中間，其實沒有想像中的亮，既沒辦法照顧到沙發上閱讀的需求，還會因為由上而下灑在大茶几上的光源，干擾橫向看電視的視線，因此建議盡量避開，甚至不要裝主燈為佳，改以間接照明為主。

2避免光線直接投射電視螢幕：盡量避免將光源設計直接投射電視螢幕，或從電視牆直射觀看者，而造成視線疲倦。因此建議在設計電視牆的光源時，不妨讓光源打向天花或牆面、地板而非電視機，避免反光效果。

3善用窗簾遮掉自然光源直射電視：除了人工照明外，另外關於自然採光部分，若會直接照射至電視機，建議不妨利用窗簾遮光過濾，也是方法之一。

光線投射需避免直接投射於電視，以避免反光效果。圖片提供＿二三設計

Q14 想在家裡建構家庭電影院或卡拉OK的話，則燈光照明要怎麼設計及規劃才好呢？

家庭電影院的燈光設計偏暗，卡拉OK燈光較繽紛熱鬧，建議結合e-Home的自動群控系統整合燈光及影音設備，甚至窗簾，使用起來較為便利。

袁宗南設計師表示，無論是家庭電影院或是卡拉OK，雖然都是講究影音聲光效果，但就其照明規劃方向卻是不太一樣的。前者著重的是安靜的氛圍營造，使觀賞者能快速地進入電影情節裡，因此燈光設計偏向暗沈，以便讓人將焦點放在電影螢幕上；後者則講究的是一起同歡的熱鬧氛圍，因此燈光設計則偏向多元化及渲染力。設計師游杰騰則表示，其實目前布幕及投影設備價格平民化，所以在家營造家庭電影院並不困難，只要事先說好並預留管線即可。雖說如此，袁宗南及游杰騰設計師仍建議幾項關於家庭電影院及卡拉OK的燈光配置要點：

1 選擇一套簡易的智能情境控制系統轉化客廳光源：想在家裡的客廳營造一間家庭電影院或卡拉OK室，建議不妨選擇一套簡易的智能型群控系統，透過簡易的面板設計及無線遙控，將投影機、電動布幕、電視機、DVD、環繞擴大機、點歌機、卡拉OK擴大機、無線麥克風等等做整合，並利用既有的燈光，如LED聚光燈、T5間接照明、基本杯燈或筒燈照明，規劃客廳、電影、唱歌等情境群組，讓人一按鈕全搞定。

2電影系統光源偏暗，但記得留下緣燈照明好操作機器設備：雖然看電影的環境燈光偏暗，但仍建議在電器櫃下緣或電視櫃下層留下間接照明，方便有時換片或臨時手動維修的照明，另留下茶几20％的照明度，方便放置飲料或食物等行走光源。

3運用光纖及聲控燈光設計卡拉OK情境光源，色彩多變不怕熱傳導：執行唱歌排程，燈光的情境是比較熱鬧的狀態，目前的設計多半搭配多種色彩的LED燈轉換，但袁宗南卻建議不妨可以加入光纖傳導的方式，在尾端僅需一顆多種色彩的LED燈泡，即可轉換現場的不同色彩光源變化，最重要的是更換也方便，且不怕燈具有過熱的危險。另外，搭配聲控的方式引導光源變化，在唱歌時不時轉換帶來高潮氣氛。

4建議能結合電動窗簾開闔遮光：無論是看電影或唱卡拉OK，若能結合窗簾自動開闔設計，不但可遮光，透過光源打在軟性布料上的窗簾，更有另一光影風情。

5最好能與智慧手機結合，更是一指搞定：現在幾乎這類的智能住宅的群控系統都能與智慧手機結合，取代面板和遙控器，更能一指搞定所有燈光情境變化。

透過簡易的智能型群控系統將電動布幕、投影機、電視機、DVD、環繞擴大機、點歌機、卡拉 OK 擴大機、無線麥克風及燈光照明做整合，要暗要亮，一指搞定。圖片提供 _ 杰瑪空間設計

智能群控系統不單單可以操控或自動轉換客廳或家庭電影院的燈光情境，甚至全屋情境照明都可以做到。圖片提供 _ 大見室所工作室

Q15 天花板有哪幾種常見的燈光設計手法和配置重點？

主燈式照明、天花環繞式照明、格柵流明天花照明及平頂天花嵌燈式照明。

因應現代風格的多變性，天花板的設計也更為多樣化，而燈光的配置也愈來愈多元化。然而不管是何種天花板的設計，燈光照明設計的重點不外乎是為空間營造明亮舒適的光線，有助於營造愉悅放鬆的相處氣氛。住宅空間裡常見的天花板設計與燈光配置可分為以下幾種：

1大型主燈式照明，如吊燈或吸頂燈：一般這類型的燈光設計，除了主燈外，周邊環境也有間接照明相互配合才行。不過吊燈屬大型吊燈，因此對於樓地板高度有其相對要求，基本上低於260公分的樓地板便不建議，以免產生壓迫感。在挑選時必須注意其上下空間的亮度要均勻，以避免產生空間陰影過大而顯得陰暗。另外，在挑選主燈時，建議最好能選擇燈罩口向上，讓光源打向天花板再反射下來的光線會比較柔和輕鬆。

圖片提供＿由里室內設計

吊燈式主燈的天花設計，有其高度限制要注意。

2天花環繞式照明：這是最為常見的天花板設計，因此其燈光配置依著周圍的天花層板環繞。而其主要形式有兩種：一種是利用平頂天花，但在牆面留溝縫，將燈管隱藏其中，使光源打至壁面而流洩下來，因此容易為立面的壁板、帷幕或壁飾帶來突顯的光影效果。另一種則是利用飛碟式的層板或複合式天花設計，將燈管隱藏其中朝上照射天花折射下來，使天花產生漂浮效果，容易在空間營造朦朧美感，營造氣氛。

3格柵流明天花照明：有時為做動線導引或是隱藏樑柱，而利用格柵流明天花做修飾。這時的燈光設計會將光源隱藏在格柵內，讓行徑動線因為光線透過格柵的關係，形成一明一暗的有趣光影變化。袁宗南設計師在格柵上方利用線型燈具往天花上打，讓光束經過天花板的修飾後，再透過格柵洗到地面上，格柵區的間接光使用T5日光燈色溫2800K，但窗簾盒內的間接光為鎢絲燈管，色溫略黃於2800K，但演色性更好，利用些微不同的色溫變化，創造空間層次感。

圖片提供__璞沃空間

平頂天花板嵌燈經常使用在玄關或者廊道、過道，本案例搭配屋主喜歡的運動興趣，使用 7.5 公分的 LED 聚光投射燈，讓光線直接聚焦在腳踏車上，成為室內設計的一環。

4平頂天花嵌燈或筒燈式照明：這類典型的無主燈的現代流派照明設計，比較適用於公共空間的廊道或過道空間，袁宗南設計師建議不妨選擇能轉動燈光的嵌燈，可以視需求照向任何空間角度，以便變動營造室內照明氣氛。

平頂天花嵌燈或筒燈式照明，主要在公共空間的廊道或過道空間。圖片提供 _ 袁宗南照明設計事務所

在格柵天花當中加入投射燈，讓人行走其中會有不同燈光變化。圖片提供 _TA+S 創夏形構

Q16

我們家沒有做天花板，照明又該如何設計才好呢？

善用活動式燈具，如立燈、檯燈等，另也可運用軌道燈營造風格。

想要在空間裡營造最好的燈光設計，建議在施工前考量清楚，才能為空間達到加分的作用。但若是真的已完工，或因種種因素來不及將燈光配置放入設計的考量中，在事後也是有很多方式可以解決，只是效果上可能無法比擬，但情境上卻可以營造。

1運用軌道燈，照明兼投射：受到工業風設計的盛行，因此有不少設計案將軌道燈置入公共空間內，形成焦點。但尤噠唯設計師表示，雖然軌道燈可事後施工，但是事先在天花板要留有電線，並確認其安培數及迴路，才方便後續施工作業。另外，軌道燈多半與灑水管或風管等裸露管線同時並存，因此除了照明配置外，線條比例也要有所顧及才會搭配起來好看不顯紊亂。

2善用活動的立燈及檯燈營造局部照明層次：如果來不及動工改造，陳鵬旭設計師建議可以在沙發旁或適當位置，放座向天花板投光的立燈，光線同樣也能經過折射後，變得自然、舒適。搭配幾座造型可愛的小檯燈，快速就能營造出溫暖輕鬆的氣氛。但要注意的是無論是立燈或檯燈的燈罩邊緣，必須避開眼睛平行或直射，以視線不會直接看到燈泡為原則，光線才不會刺眼。

圖片提供__尤噠唯建築師事務所

軌道燈設計，營造工業風的空間設計感。

Q17 現在很流行客廳及餐廳採開放式設計，有的還把廚房一起拉進來，其照明設計要如何合理配置，才不會造成空間設計上的互搶？

重點照明強調空間屬性，直接照明輔助機能。

開放式設計早已成為空間設計的主流，除了將客廳及餐廳融為一體外，近年來更將書房及廚房也併入內，使得整體公共空間看起來更為寬闊。然而雖然空間無屏障，但每個場域仍有自己的定義及功能，如何透過燈光來引導或搭配，成為照明設計的必要考量，有以下兩個重點：

1運用迴路切換各自空間的重點照明：雖然採開放式設計，但每個空間仍各自獨立，而且所有照明必須依照人的所在，才會區塊性亮起，全區展開的照明情況並不多見。因此建議為每空間建立自己的重點照明來強調，例如整個公共空間採間接照明，使空間明亮，但客廳採圓弧立體天花搭配主燈，與餐廳低矮度的吊燈、廚房的天井照明區隔，並善用迴路設計，讓空間的照明可以各自切換。

2輔助照明強調機能及層次：但即便有了間接光源及重點照明，空間裡仍有許多更細部的地方需要強調，像是鋼琴區則以投射燈打在琴譜上的直接照明補強使用機能、地板上嵌入LED燈具往上打，形成過道空間的指引地標，方便夜晚當所有光源關閉時成為夜燈指引。

Q18 現在很流行「食慾及食育」，其照明設計是否從廚房就要開始規劃呢？餐廳的照明又怎麼配合呢？

廚房講究工作照明，餐廳講究情緒照明。

因應現代家庭的生活需求，為了忙家務外要兼顧家人互動，因此產生了所謂的「食慾及食育」半開放式或全開放式的餐廳空間設計。而其燈光配置無論是各自獨立或相連，均無差異。但仍有幾個小地方可以留意。

1廚房講究工作照明，餐廳強調用餐情緒：陳鵬旭設計師表示，廚房講究的是工作照明，因此全室照度大約維持在45～750 Lux左右，色溫約2500K即可。至於餐廳，則講究的是用餐情緒，色溫或照度過高反而會讓情緒急躁，不利用餐氣氛，因此建議將照度維持在50～100 Lux，並可選用懸掛低吊燈，以符合坐下來的高度照明，並將光源打在食物上，增加食慾，及放鬆溝通的光線氛圍。

2在廚房營造自然天光，工作放輕鬆：袁宗南設計師也表示，廚房雖是工作區域，但是太過明亮反而讓人不易放鬆，建議不妨可以利用電源燈具控制器及場景控制器，搭配LED數位燈具，將色溫的設定變化，模擬一天裡由白天到黃昏的自然天光，讓人如同沉浸在陽光之下，情緒也比較容易放鬆從容。

開放式的公共空間照明分配，客廳主要在色溫 3000K 照度 200Lux 左右比較放鬆，至於餐廳及鋼琴區或書房色溫可設定在 2800K，但因工作需求照度大約 300Lux 即可。圖片提供 _ 柏成設計

餐桌燈具以低矮懸吊照明為佳，且最好使用色溫較低的暖色燈源。圖片提供 _ 一格空間設計

Q19 烹調料理時覺得光線太暗，怕一不小心切傷手，照明該如何配置較為適當？

調理區加裝主要照明燈光，並以白光為主，提高安全性。

袁宗南設計師與陳鵬旭設計師一致認為，廚房照明是最容易被忽略的地方。傳統的一個燈光搞定的設計，使得婆婆媽媽炒菜或工作時，往往被自己的身體遮住光源。因此他們建議在規劃廚房廚具設計時，最好把一些功能性照明一併考量進去：

1 流理檯下緣及水槽上方加裝燈具：在廚房吊櫃下緣，靠近使用者的這一端，加裝較細的T5燈管或LED燈，並加裝壓克力擋板，如此便可以擁有較柔和的光線，也讓婆婆媽媽脫離自己的陰影做菜。或在水槽上方加裝燈具，方便清洗食材，及清潔碗盤。

2 挑選有燈具的抽油煙機及烘碗機：現在有愈來愈多抽油煙機及烘碗機附設自己專屬的燈光，方便使用者照明使用。但在採購時要注意維修的便利性，方便未來自行更換。

3 中島處加強照明：現在很多廚房都會設計一中島檯面，無論是充作餐桌或是流理檯都十分好用，但無論是什麼功能，建議在中島上方最好再加強照明，如直接照明的投射燈或吊燈，並另設一迴路或開關，以便切換情境。

在中島上方最好再加強照明，如直接照明的投射燈或吊燈，並另設一迴路或開關，以便切換情境。圖片提供 _ 光合空間設計

Q20 想在餐桌上方懸掛盞吊燈，燈具高度該如何配置較為適當？色溫如何為佳？

餐桌吊燈的下緣最好離地約170～185公分，且色溫在2500～2800K之間的黃光較佳。

現今台灣家庭餐桌上的照明幾乎全以吊燈為主，但有的燈光不聚集，有的是光線太白，缺乏溫暖的氣氛，或是採用多個黃光白光混搭的燈泡吊燈，使光線不白不黃，最為詭異，相較之下食物也變得不夠美麗，引不起食慾。以下為餐桌燈光設計的要領：

1 燈具以低矮懸吊式照明為佳：考量家人走到餐桌邊多半會坐下對話，因此預估燈具高度不宜太高，最佳的高度為離地約170～185公分左右，搭配約75公分的餐桌高度，讓人坐下來視覺會產生45°斜角的交點，且燈具不會遮住臉的懸吊式吊燈較佳。

2 色溫較低的黃光燈泡食材演色最好：餐桌最好使用色溫較低的黃光燈泡，大約在2500～2800K之間，製造出暖色光源，最易營造成溫暖、愉快、舒適的氣氛；黃光也會使得菜餚看起來更誘人可口，但切忌白光及黃光混搭使用。

3 挑選聚光燈罩，光源集中：一般燈具最高可以打到10公尺高度，但居家最多才3公尺高度，因此所有燈具都適用。不過，面對餐桌上的照明，建議還是改挑較聚光的，例如選用圓錐狀的燈罩，或垂掛得更接近餐桌桌面，提高亮度，光源才會集中在食物上。

選擇懸吊式照明時，燈具高度很重要，為了在餐廳營造溫暖的視覺效果，本案例使用鋁製燈罩搭配LED 燈，讓光源集中在食物上，且讓空間氛圍更祥和。一盞燈的價格大約落在 8000 ～ 10000 元左右。圖片提供 _ 璞沃空間

Q21 我家大餐桌兼具小朋友寫作業，大人打電腦及用餐等多重功能，那麼會建議餐桌的燈光照明怎麼設計才好呢？

除了直接的重點照明，另間接照明不可少、選擇讓光源往下打的燈罩設計、照度不可低於450 Lux。

為了凝聚家人情感，及活用空間，因此很多設計案將餐廳兼書房使用，於是吃飯用餐、閱讀寫作、上網玩遊戲，全部都在一桌搞定，但面對這樣的需求，當餐桌不再是餐桌時，在照明配置上必須注意以下重點：

1直接照明及間接照明要相搭配：吃飯跟工作是不同的使用需求，相較之下，燈光的照度需求也會大大不同，因此在兩者之間必須共同的情況，建議最好將餐桌的燈光迴路多切出來，分別轉換成用餐的低色溫照度及工作時的高色溫照度。同時，除了餐桌上的吊燈外，建議最好再多加天花的間接照明，或工作用的活動式檯燈，保護眼睛不會因光線不足而產生損害。

2選擇讓光源往下打的燈罩設計：若是要將餐桌燈具與工作燈具同時使用，建議全室照明間接光源一定要打開，同時選擇能讓光源向下集中的燈罩，讓光源集中在桌面工作區域為佳，同時工作時的燈光照度不能低於450 Lux。

Q22 如果在家設置酒窖或酒櫃，燈光要如何配置呢？

選擇琥珀色的LED燈，可清楚看到酒瓶年份，也不怕因熱而導致酒變質。

在家品嚐紅酒或小酌，已成為現代人生活的一部分，甚至有人為此砸下千金設計一座專業級酒窖，或是在餐廳，甚至空間裡區隔一個區域設置酒櫃。這時的燈可以如何適切的配置：

1在專業酒櫃裡設置LED燈照明：袁宗南設計師表示，無論是何種酒，最怕因溫度變化而產生變質的風險，因此專業的酒櫃裡，多半會少有燈光，但在取物時十分不便，因此他建議不妨選擇有LED燈的酒櫃來設置，而其最大優點在於LED燈不發熱特性，能確保酒的品質不易因溫度改變而變質。陳鵬旭設計師也認為，若酒櫃與吧檯設置在同一區，建議不妨可以將吧檯下緣也設置LED燈，透過燈光變化及切換，讓此區可以變身品酒區，更添風情。

2選擇黃色波長取代藍光或紅光：目前市面上酒窖或酒櫃均採藍光或紅光的LED燈設計，但此光源照射在酒瓶上，較不易看到年份及說明，如果想看得更清楚，建議可以利用2400K琥珀色光的軟板LED來當光源，不用開門即可辨別，更可確保紅酒白酒的保存品質。

酒櫃的照明不宜過亮，燈具以不會發熱的 LED 燈為佳。
圖片提供 _E.MA Interior design 艾馬設計．築然創作

酒櫃或酒窖的光源，最好選擇不易發熱的 LED 燈，可清楚看到酒瓶年份，也不怕因熱而導致酒變質。
圖片提供 _ 袁宗南照明設計事務所

Q23 書房的照明該如何做適當的規劃？

書房的照明燈具，最重要就是要充足，穩定性高不閃爍，才不會影響視力。

功能性的空間對照明的需求較高，例如書房，除了重點照明須達到500 Lux以上之外，燈具如何進行配置也是重點考量，有以下兩個重點：

1燈具避免裝設在座位的後方：如果光線從後方打向桌面，這樣閱讀會容易產生陰影，可以選擇在天花板裝設均質的一字型燈具、嵌燈或吸頂燈，維持全室基本照度，並輔以閱讀檯燈作為重點照明。

2漫射性光源為佳：書房照明首要需重視工作區域的適當亮度，像最經常使用的書桌照明，可以將燈光內藏於上方書櫃下緣，以漫射性光源為主，避免投射性光源，以防止書寫或閱讀時過多陰影，造成視覺疲勞。

Q24 喜歡欣賞窗外風景，將書桌面對著窗口，該如何配置照明設備滿足日夜不同的需求？

運用光感知器轉換光源，自然光↓人工光，並在書桌前設置檯燈做直接照明。

受制於自然採光的直射，因此一般設計師並不建議將書桌設置在窗前。但因受到五星級飯店設計的影響，使得屋主往往強烈要求將書桌設置在採光及視野最好的窗檯邊。面對這樣的問題，最好先確認該區域能避開西曬陽光的直射最佳，否則會建議在窗邊再多做一層隔熱遮陽的窗簾或遮陽板設計。至於燈光配置上，可採用以下兩種方式，去改善整體閱讀環境：

1運用光感知器與調光控光設備切換自然光源及人工光源：這類的設計，白天的採光充足，因此不需要多餘的燈光照明，但待自然光源漸漸減弱時，這時光感知器在探測到某個照度時啟動人工光源取代自然光源，以便讓書房的照明能隨時充足。

2間接照明外，書桌加檯燈直接照明為佳：再充足的光源，對於閱讀所需的450～750 Lux照明仍是有段距離，因此建議除了由書桌上方的間接光源外，並在書桌前加裝一檯燈加強直接照明，以保護眼睛視力。

書桌上方再置一盞閱讀用燈為佳。
圖片提供＿唯光好室

Q25 進入臥室就想好好休息與放鬆，在照明有哪些配置重點？

主臥的色溫約 2800K，但若是男孩或女孩房建議採 4000K 比較明亮清楚。

臥室是睡眠的地方，也是個人放鬆的所在地，因此建議色溫最好不要高，大約 2800K 左右較佳。但若是孩童房，則會受性別及年齡層有所不同，其照度也會有所調整，像學齡前或就學時期的小孩因待在房間裡玩遊戲或閱讀，甚至使用電腦，因此房間色溫不宜太暗，以 3500～4000K 為佳。除此之外，在規劃臥室照明時有幾點要注意：

1 採光窗迎進自然光源，並利用窗簾調節：臥室最好要有一面臨外的窗戶，除通風考量，更是採光的來源，因此當人工與自然光源整合時，必須顧慮到窗戶大小、位置高低及陽光直射方位作為採光的考量重點。臥室裡光線的調節是很重要的，要有助於安眠，因此可利用窗簾或傢具的擺放來調節。

2 臥室內的照明光線不宜太強，2800 K 為佳：臥室照明可用整體或局部照明互相搭配使用。當為了營造氣氛時，可單獨使用局部照明。當使用整體照明時，應在門口及床頭設置開關，好讓人一腳踏進臥室時，便有亮光出現，並在入睡時只要伸手即可關閉，不必跑老遠。

3 設置人工照明，光線不可直射床上：另外，在工作區採用局部照明，例如書桌、床頭照明及化妝檯等等，但要確定光線不可直射床上，以免使人感覺到不舒服。而且臥室的照明，最好取得光線上下輝映效果，像是床頭燈、落地燈可以採半透明燈罩，讓燈罩上頭的光照射至天花板，燈罩下的光線可射到地板，形成漫射光線，增添浪漫氛圍。

4 避免在天花板使用太花俏的懸頂式吊燈：因為花俏的懸頂式吊燈會使房間產生許多陰暗角落，也會在頭頂形成太多的光線，甚至造成一種壓迫感。

5 在床邊裝設與門邊開關連動的開關：方便在睡前不用再特地下床去將燈光關掉，或者半夜起床還得摸黑找開關。

臥室的照明宜柔和，因此色溫約 2800K 左右，照度約 50Lux 即可。圖片提供＿御見 YU Design LAB

Q26 如果靠在床頭閱讀，有沒有適合的照明設備可選用？另外除了床頭照明外，臥室還有哪些照明必須考量呢？

床頭燈以閱讀燈為主，且偏黃光較佳，並與化妝檯燈及洗牆燈相輔相成。

現代人習慣在睡前閱讀，以前是看書或雜誌，現在多半是使用手機或電平板電腦，但無論是哪一種，切記光線不宜直射床頭。至於如何挑選，設計師們提供幾項要點：

圖片提供＿由里室內設計

睡前有閱讀習慣的使用者，可選擇可自行調整角度的燈具。

1 臥室床頭燈以閱讀燈為主：放置閱讀燈最適合的位置是在頭部的側後方（要視睡覺的位置決定左後側或右後側的上緣，以不擋到人產生陰影為主），但通常是置於兩側床頭櫃上。燈的形式以桌燈或壁燈為主，燈臂最好是可以彎曲的，以便隨時可調整到適當的位置，如果空間不夠大時，也可選擇夾式聚光燈作為閱讀燈具。

2 床頭櫃上的桌燈以黃光為佳：早期床頭燈會以鎢絲燈泡為主，以便產生溫馨的燈光氛圍，但現在由於LED燈或省電燈泡都有黃光產品，已漸漸取代，另也可以透過帶有暖色系的燈罩來加強這個效果，但挑選時注意空間照度要有150～300 Lux左右才夠亮。當然，若不以閱讀為主，則可採用具有奇幻效果的壁燈，或裝飾性鑲壁燭台來製造浪漫的氣氛。

3 還有洗壁燈、化妝鏡燈相輔相成：除了床頭閱讀燈外，臥室會用到的燈光不外乎照射畫作的洗壁燈，及方便化妝卸妝的化妝鏡燈。前者，可突顯畫作或牆面的質感，後者則建議放在靠近自然光源的地方，並在前端以輔助照明的燈具補強。為了避免光線在鏡面上產生不美觀與刺眼的現象，最好是從鏡子的左右兩側投射出來，而不是從上而下散射。

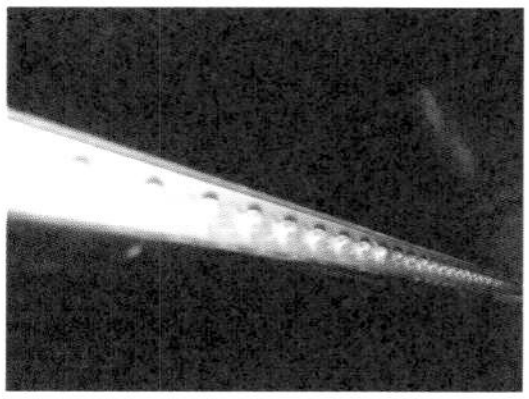

在衣櫃的吊衣桿內安裝感應LED燈，當打開衣櫃大門即亮燈，方便尋找衣物。圖片提供＿袁宗南照明設計事務所

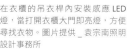

4 衣櫃裡加裝LED燈具找衣物超方便：袁宗南設計師強調，其實衣櫃內的光源更應該被重視。他建議不妨將不易發熱的LED燈裝在吊衣桿內，當人打開衣櫃時，即感應亮燈，方便尋找衣物兼照明，使用才會更為便利，更可以透過微微帶黃色的燈光，挑選出合適的衣物。

Q27 衛浴空間的設備該如何配置才能兼顧實用與安全？燈具選擇上須特別注意什麼？開關位置何處較佳？

採間接光源營造衛浴輕鬆氛圍，同時在淋浴間、馬桶及洗臉檯加強照明。

衛浴空間的照明設計，依功能可區分為二部分：一是洗澡及如廁空間，另一則是臉部清潔及整理部分。而規劃的重點如下：

1 淋浴間及馬桶採柔和光線為主：以大約一坪大小的衛浴空間，光源只要約60 W便足夠了。而且對光線的色溫指數也不要太高，大約1000K即可。但在燈具挑選上最好能具備防水、散熱及不易積水等特性。全衛浴空間由立面到地面都採白色磁磚牆，則建議燈光照明愈黃愈好，才不會太過死白。若是衛浴空間採灰黑色的磁磚，則燈光最好照度高一點，以免顯得衛浴空間太過陰暗。

2 燈具設置在馬桶前面上方為佳：相對而言，衛浴空間對光線顯色指數要求不高，因此幾乎什麼燈泡都可以安裝，但顧及牆面光的柔和度較天花板佳，所以建議不做主燈，改採局部燈光照明，如馬桶前面上方向牆面打光，一來比較柔和自然，二來則減少天花板帶來的陰影效果。同時在淋浴間，馬桶及洗臉檯加強照明。

3 燈具最好的安裝位置，就是水源碰不到的地方：在挑選燈具時，最好本身具備有防水、散熱及不易積水等功能。材質建議最好選擇玻璃及塑料密封為佳。同時，衛浴空間因比較潮濕，所以在安裝電燈及電線時要格外小心，且燈具及開關最好選擇有安全防護功能的產品，電線接頭及插座最好不要曝露在外，或選擇有防潮防水開關面板，防止漏電等意外事故發生。

挑選衛浴燈具時，材質建議最好選擇玻璃及塑料密封為佳，本身最好具備有防水、散熱及不易積水等的功能。圖片提供＿唯光好室

Q28 衛浴鏡面的燈光要如何配置才會看起來氣色佳？

鏡面燈光配置要避免陰影，且採顯色性能較好的燈具為佳。

除了衛浴的全室照明外，有鑑於愈來愈多人將化妝及卸妝的動作，在衛浴間處理，因此洗臉檯的照明設計逐漸受到重視，若想要有好氣色，有幾點必須注意：

1安裝在鏡子兩側優於頂部：顧及化妝效果，因此照度及光線角度很重要，設計師建議最好將光源安裝在鏡子兩側，會較好，其次才是頭頂上的光源。最重要的是要顧及是否會在臉部產生陰影，若有則必須再調整。

2可選擇顯色指數較高的燈具：由於有化妝功能要求，因此對於光源的顯色指數要求也會比較高，基本上像T5的三基色螢光燈及暖色系的LED燈等超過60 W以上的亮度，都是很好的選擇。

3在鏡框內及地坪加燈增加氣氛：如果衛浴間不大，除了天花的基本照明外，建議在鏡邊加燈即可。但若是衛浴間較大的空間，則可以考量多種燈光搭配，如壁燈或投射燈，甚至還可以在鏡框內或下緣，甚至部分地坪加裝一些背景光源，以增加氣氛，只是地坪下的燈源要注意防水要求。

呈現完好的化妝效果，照度及光線角度很重要，最好將光源安裝在鏡子兩側，T5 的三基色螢光燈及 LED 燈都是很好的選擇。
圖片提供__潤澤明亮設計

Q29 我們家有供佛，燈光要怎麼打，才能把神明桌營造得很藝術感呢？

佛像上方打燈營造莊嚴感、背景光打出暈開感形塑柔和氛圍，或利用光板設計打造琉璃佛像。

因應現代的室內設計，神明廳的擺飾也更走向現代明亮的感覺，而燈光更是營造神明廳寧靜穩重的重要元素，規劃重點如下：

1善用頭頂筒燈，營造寧靜氛圍：如果是不透光材質的佛像，則因考量佛像的莊嚴感，因此建議在頭頂上方採用窄光筒燈投射在佛像上，打亮佛手、佛印和佛像的面部，妝點出佛像面容給人一種崇高祥和的感覺。

2在背景下方打光形塑柔和氛圍：僅是頭頂打燈是不足的，為營造周圍柔和的氛圍烘托，因此建議在佛像桌子後方用隱藏燈帶，往上打出暈開的效果，讓整個佛像桌呈現自然寧靜，色彩純淨的氛圍。

3利用FFL光板由下往上打出琉璃佛像透明虛無感：袁宗南設計師表示如果佛像採琉璃等透光材質形塑，則建議可以LED光板或最新技術的OLED，讓光由下往上打讓佛像呈現虛無的透明感。

善用佛像上方及背後光帶，為佛像營造出莊嚴寧靜與祥和的氛圍。
圖片提供＿大湖森林室內設計

Light Box

什麼是OLED

OLED也就是有機發光二極體（Organic Light-Emitting Diode，簡稱OLED），使用溫度範圍廣從-40°到85°均可穩定工作。其特性集輕薄短小、精緻靈敏、色彩鮮豔、省電等特性於一身。OLED的優點是自發光，不需背光源模組及彩色濾光片，不僅重量輕、厚度薄、耐用性高，還沒有無視角限制，視角廣達170°以上。由於OLED有極大的造型設計空間，因此在燈具的製作上能有許多創新的設計及視覺突破，或是燈具安裝空間極小的情況也能使用。目前OLED已運用於手機、遊戲機、音響面板、數位相機、PDA、汽車導航系統、電子書、筆記型電腦、電視等。

圖片提供＿
袁宗南照明設計事務所

Q30 規劃一個藝術品的展示空間，在照明設計上有哪些要點須注意？

最好採用冷光燈具，不會產生高溫照射，以提供藝術品最佳保護。

不同於商業空間，藝術品及畫作是空間焦點，因此會利用較高的光差來為作品聚焦。但在住宅案裡，則為空間加分裝飾品，主要是展示屋主的生活品味，因此在照明上有幾個地方要注意：

1三波長冷光燈具較為適合：傳統的鎢絲燈或石英燈長時間集中照著一個點，對畫作容易造成極大傷害之餘亦會耗用大量電力，非常浪費資源。然而無論是畫作、雕像、古文物，價值無法計算，因此燈具最好選擇不會發出熱光的三波長冷光燈具取代。

2以分散及集中兩種照明呈現效果：油畫表面光澤，不適當的光度會造成反光情況，使觀眾要遷就角度觀賞，而且光差對比太大也容易令雙眼疲累。因此建議利用嵌燈及間接光源去達到「分散、闊角度」，另外在畫作上，則採LED投射燈的「集中、窄角度」洗出兩種不同照明的呈現效果。

3雕像及畫作，照明重點大不同：無論是雕像或是畫作，燈光配置要全面性，不能只打出局部，但雕像著重於善用陰影營造出立體感，而畫作則講求清楚呈現畫質細部，光源要平均，因此畫框的四個角都要顧到不可有陰影。

4選擇活動投射燈可視作品調整光源角度：家中的藝術作品會因屋主喜好而變更，因此建議投射照明設備要選用可調式，讓燈光可以依藝術品的大小做調整。

滑軌加裝 LED，增加整體空間的氛圍。
圖片提供＿袁宗南照明設計事務所

有別於其他區域的基礎照明燈，燈光感受比較淡，藝術品用燈會選擇聚光效果較好的燈，利用藏在天花板裡的鐵製方形 LED 嵌燈，將光線投射在畫作，呈現畫作的內容與質感。
圖片提供 _ 璞沃空間

規劃藝文展示空間，可在天花板運用投射燈，讓藝術品或畫作的每個細節都能看得一清二楚。
圖片提供 _ 袁宗南照明設計事務所

Q31 連繫不同空間的樓梯或是走廊的燈光要怎麼配置比較好呢？

樓梯與走廊的照明以明亮安全為主，並在動線的交錯及起迄點加強照明。

樓梯與走廊動線的安全是居家設計的重點之一，尤其家中有銀髮族或幼童的成員，更要考慮其夜間行走的照明，以提升居住的舒適與方便性。在燈具的選擇可使用較為省電的LED燈，配置上可以依據不同面向掌握以下要點：

1 樓梯照明：

(1)利用踏階作線狀導引燈光，線性燈光也可增加空間的裝飾性。

(2)在走道側牆及樓梯踏階的側立面或正立面安裝小嵌燈，同時達到燈光導引和照明的功能。

(3)在樓梯的轉角處設置吊燈，讓視覺更有停駐點。

(4)在牆面上安裝上下照式的壁燈設計，提供階梯與扶手不同區段的照明與裝飾效果。

(5)在動線上的光源提供可選擇省電的LED燈，如此就不用擔心耗電的問題，24小時都可以點亮。

2 走廊照明：

(1)走廊上方多為管道設計，導致天花板較低，建議在此處的照明不要太過複雜，以簡單功能性為主，在房間出入口加強照明即可。

(2)在走廊端景，搭配造型別緻的壁燈，也能當作晚間的夜燈。

結合扶手做嵌入式照明，照亮每個台階以保行走安全，並在樓梯的入口處再做加強照明。
圖片提供__光合空間設計

在樓梯踏階的側立面安裝小嵌燈，導引樓梯動線。
圖片提供__歐斯堤有限公司

走道的照明集中在房間的出入口處，同時最好在走道的底端利用燈光做端景牆照明，為走道帶來趣味感及焦點。
圖片提供 光合空間設計

Q32 如果與老年人同住，在居家照明光源的選擇和配置上有哪些需要特別注意的地方？

維持空間明亮，特定區域加強重點照明，並善用感應燈具與雙切開關更為便利。

家中若有長輩一起居住，由於其體力、平衡力、視、聽力慢慢退化，因此在居家環境的規劃，安全很重要。在照明配置上有更多要注意的地方：

1長者臥室色溫約4000K為佳：因為長輩的視力衰退，室內光線應明亮，以減少因看不清楚而絆倒的機會，同時房間開窗使光線充足、空氣流通，但窗戶應避免晨昏時陽光直射，可裝設紗質窗簾阻擋刺眼的陽光。

2在門口及床邊採雙切開關設置：長親房的電燈最好使用雙開關，分別置於門口及床邊，方便使用。因為若長輩需離床關燈才能上床就寢，容易在關燈過程中因環境驟暗而跌倒。並建議開關採用有夜燈產品較佳，在夜晚時有指引作用。

3建議在動線上使用感應式夜燈：長輩在夜間如廁時可辨識環境，而燈光最好設置在低於床板高度的燈源，可使長輩躺在床上時眼睛不會直視燈光，且接近地板的光源可照亮路徑，避免行走時絆到物品。

4在藥櫃加裝燈光照明：長輩的藥品較多，因此建議將他們的藥品櫃設置在房內，旁邊並附溫水開飲機，以避免他們行走的危險性。但這區域建議最好安裝燈光，讓他們可以方便尋找要吃的藥物，同時操作飲水機時也不會燙傷。

5要在家中安裝緊急照明設備：樓梯及走道通常較為昏暗，應裝置照明設備。除此之外，更建議裝設緊急照明，有助緊急事件時逃生安全。這類的照明或緊急照明的位置可略高於頭部，以便照亮整個空間，也避免眼睛直視感到不舒服。

圖片提供__歐斯堤有限公司

接近地板的感應式夜燈，可照亮行走路徑。

Q33 由於小朋友愛玩手機及iPad導致近視快速加深中，請問在家裡的照明要怎麼處理？讓他們視力不會加劇惡化呢？

以整體照明與局部照明綜合應用，避免環境光差過大，並選擇光度穩定之光源，眼睛才不會疲勞。

台灣為科技之島，手機及3C人手一台，即便是小朋友也是愛用者，但長時間面對藍光波長背光螢幕，很容易得到青光眼，促使新一代孩子的近視機率大增，因此在居家照明上，設計師們建議：

1環境光源充足，避免光差過大：別因為3C產品本身有光源，而忽視閱讀時的照明，避免在陰暗處使用3C產品，是最基本的常識。建議家長教導孩子們一定要在光線充足的地方玩3C產品，如書桌或閱讀區域，利用環境的整體照明，及書桌的重點照明，才不易導致視力受到影響。而且重點照明位置應在頭部上方約20～30公分處為佳，照度450～750 Lux為主。

2選擇光度穩定的燈具：閱讀區域的光源，最好穩定度高，不要有閃爍的現象，市面上的無眩光或無閃頻LED燈具都可以考量。傳統的電感式鎮流器或是瞬時啟動無預熱型電子安定器，此類產品較為耗電、易產生閃爍，較不佳。而現在市面上的T5日光燈均採預熱型啟動電子安定器，較不易閃爍，購買時宜特別留意。

以整體照明與局部照明綜合應用，避免環境光差過大，並選擇光度穩定之光源，眼睛才不會疲勞。圖片提供_光合空間設計

Q34 挑高空間的照明該如何進行規劃？

挑高空間通常都不會只有一種照明設備，需增加輔助照明。

挑高空間的照明環境，因為其垂直高度較高，需考慮燈具的款式、投射方式與安裝位置，除了維持基本照度之外，也要考慮到日後清潔與更換燈具的方便性，李智翔設計師與沈冠廷設計師建議：

1選用照度高的燈具。

2搭配地面可活動燈具。

3避免在挑高天花板上裝設燈具，建議改以反射式壁燈或可調整高度的燈替代。

此外，沈志忠設計師舉例，如果空間挑高達到6公尺，那麼裝設主燈照明只能在3公尺以上的空間，3公尺下的空間可以考慮以洗牆燈作為輔助光源。尤其主燈燈具高懸，通常都不太可能時常清理更換，輔助燈具就必須達成亮度足夠，甚至具有情境照明的效果。

挑高空間可搭配各種不同的照明手法來打亮空間。圖片提供＿十田設計

Q35 家中天花板不高，可以透過什麼樣的照明手法，讓天花板不會那麼壓迫呢？

透過反射天花設計搭配燈具光線反射拉高天花板，另在近地板處打燈，可降低空間壓迫感。

燈光不只能變換氣氛，有時還能改善空間的缺點，只要注重傳統容易忽略的角落，就能有意想不到的效果。像是面對天花板不高的情況下，除了在天花板上利用反射性材質，拉高天花的視覺效果外，在燈光的搭配設計上，還有以下幾種手法：

1反射性材質天花，並將燈光往上打：想讓天花板看起來更高，可以將光源往上打，透過光線的漫射至反射天花將光源放散出去，會讓天花板有被往上延伸的視覺效果。

2讓光由天花板四周發散出來：將天花壓低，並將光源設計在天花板四周，打向牆面，洗牆而下，透過光暈效果會有拉高天花板的感覺。

3在低處打燈使下方空間漂浮感：除了往上打燈外，還可以利用近地板處的櫃體或層板下方埋放燈管，一打光，下方就會散發柔和的光彩，地面有退縮效果，挑高瞬間增長，並可在櫃體的上方再做間接照明，空間就更有上下拉長的感覺了。像是鞋櫃、邊櫃、床頭櫃，都可以採取此種設計，光線更柔和，也使居家更寬闊。

透過反射天花的設計，搭配燈具光線反射拉高天花板。
圖片提供＿御見 YU Design LAB

Q36 如何透過燈光設計，讓小坪數空間有放大感呢？

讓牆面發光，或打亮天花板與地板，利用光感放大空間。

坪數較小的房間，若只是在一個中央安裝一個吸頂燈，反而會讓四個角落更黑暗，使人感覺更為侷促。其實燈光在視覺上有放大空間的魔力，因此想要在空間營造放大術，從照明著手是一個不錯的手法：

1 讓牆壁均勻著光：建議要讓牆壁均勻著光，例如打上全區域都均質的光線，才會放大空間，最好牆壁還配合漆上淺色色彩，如白色或淺藍色、灰色等等，有放大空間的效果。

2 在轉角處裝上壁燈，上下放散燈光：常見的改善做法，是在四個角落轉角處，裝上壁燈，燈光往上、下，或左右兩邊的牆上打，就會均勻，而且照亮了所有邊界，可使房間看起來比較大。

3 利用立燈往上打光源：若是遇到挑高較低的空間，可以利用立燈，且燈罩上下都有開口，使光源可以往上及往下照射，會讓天花板高度拉長，放大空間的效果。

4 櫃體下放隱藏燈光：設計師最常運用的手法，就是在鞋櫃、玄關櫃等，常做成不與地面相接，離地有一段空隙的設計，就是藏放間接燈光的最佳位置，讓櫃體漂浮，也有放大空間的效果。

為了在 9 坪的空間減少大型燈具，此案主要都是使用間接照明，立面上的玻璃層板內藏有 LED 燈條，同時搭配天花板的投射燈，為居家空間中製造不同的視覺亮點。

圖片提供＿奇逸空間設計

Q37 燈具如何與傢具配合，與空間設計融為一體？

燈光本來就是室內設計的一部分，融入傢具中，會讓它的功能更多元，也讓傢具不再只有傢具的機能。

我們常說燈光美氣氛佳，其實就是透過各種燈具光源的投射方向，改變空間中光線的強弱，營造環境的氣氛。而如果燈光能和傢具融為一體，更能為整個空間設計加分。

將燈光加入到屋主重視的傢具中，強化設計感，是沈志忠設計師的貼心設計。如下圖牆面上原本造形單純的CD架，結合了燈體後機能性變強，從收納櫃變成書牆及展示櫃，更具有燈具效果，牆面宛如有線條畫過，成為客廳中最吸睛的焦點。

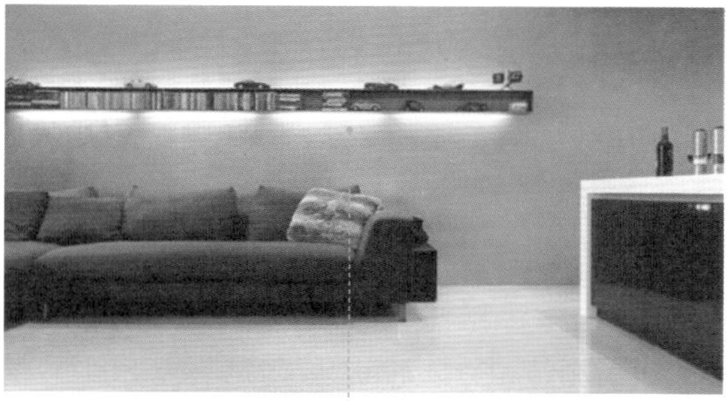

燈光結合 CD 架的設計。
圖片提供＿沈志忠聯合設計

間接照明烘托餐瓷美感，住宅整體概念為回歸至質樸無華的簡約基調，然而在通往廚房的過道上，特別利用紅色烤漆沖孔板作為餐櫃的立面材料，在淡雅設色的空間下創造視覺亮點，因應屋主收藏餐瓷的嗜好，櫃體中段鏤空設計成為展示平檯，上端藏設 LED 燈光藉此烘托餐瓷的精緻質感。
圖片提供＿水相設計

Point 4

照明的情境

照明除了實際的功能性外，也有引導視覺、將想在整個空間環境中被注意到的事物，從背景中跳出來，或是使用裝飾型燈具、搭配顏色、圖案及動態燈光設計，營造出戲劇性的效果。在選擇光源或燈具配件時，輔以特殊效果的光效，就能讓空間的情境大大不同。

Q01 在有色牆或白牆為主的不同空間中，該如何選擇適合的照明光源？

考慮空間整體的照度條件，和欲強調的重點牆面，選用適當的照明光源。

以白色牆面為主的空間，相較於有色牆面尤其是深色牆面為主的空間，基本亮度較為足夠，所以在光源的選擇上，標準也會有所不同。沈冠廷設計師表示，有色牆面須注意兩件事：

1壁面顏色越深，照明亮度則須相對加強。

2燈光的演色性（CRI=Color Render Index）盡量要高，以防止色彩偏差。

而白牆照明設計上選擇性較豐富，有幾個常用技巧如下：

1利用彩色燈光洗牆營造氣氛。

2利用燈具投射光之角度大小創造光的韻律（Light Patterns）。

3創造光影產生趣味。

如果是要突顯有色牆面主體性，考慮不同的材質，光源照射也會形成不同的效果。沈志忠設計師以25瓦黃光鹵素燈作為照明，讓紫色烤漆玻璃的大牆面出現光影的對比和反射的律動感，呈現出主體性藝術感，讓餐廳的通道牆面成了讓人難以忽略的主角。

Q02 木質空間適合何種色溫的光線和照明的配置營造溫暖的氣氛？

表現木質空間的溫潤感，以暖色調光源最適合。

如何表現與襯托出木質空間本身特有的溫潤質感，選用色溫 2800～3300K 自然的暖色調光源較為適合，其中以3000K不會過黃或過白的光源為主流。在照明的配置上，沈冠廷設計師認為，可由適度的天花或壁面的間接照明，以及重點投射照明交錯醞釀出，活動式燈具也常具有令人意想不到的視覺效果。沈志忠設計師則提到，如果木質空間有搭配格柵式的天花板進行裝潢，那麼由上往下的照明，更可以表現出木空間光影變化的律動感，若再加上側面的輔助光源，更能呈現出牆面漂亮的紋理。

選擇適合的色溫和高演色性的燈具，突顯出有色彩的牆面。圖片提供＿沈志忠聯合設計

白牆可以用燈光顏色、和不同的投射角度創造光影變化。圖片提供＿水相設計

自然黃光營造溫暖的木作氣氛。圖片提供＿水相設計

透過各種角度交錯投射照明，營造更為生動的情境。圖片提供＿沈志忠聯合設計

Q03 玻璃隔牆的燈光如進行配置，可保有空間穿透感又具美感？

較暗的燈光才能表現出空間的通透感。

在商業空間的設計中，如何讓空間感變大，是很重要的技巧，玻璃和燈光是最常使用的魔術工具。而想要營造出空間感，不能使用太亮的光線，微微的黃光，讓它有點狀的聚焦感，不但達成照明功能，也利用反射的效果，形成層層疊疊的穿透感。

左圖為沈志忠設計師利用玻璃等七種不同的牆面材質，搭配色溫2000K左右的LED燈，藉由不同材質折射出不同的光感，巧妙的營造出一條深邃長遠的的走道。

圖片提供＿沈志忠聯合設計

由於這是一家講究隱私的SPA，設計師更在開關上加上調控，營業時可以隨時調整燈光的亮度，走道地面上的燈座搖曳著蠟燭的光影，與SPA的氣氛更是相輔相成。還有隱藏式的LED燈帶，在打烊之後就可以大放光明，方便工作人員清理與打掃。

Q04 燈不只是照明工具，現代化的設計中，造型燈具如何成為空間亮點？

造型燈具其實會隨著時代而改變，應依地點和重要性來配置。

巧妙地運用具有設計感的造型燈具妝點空間，兼具實用功能之外，又可替空間提升不少質感。沈志忠設計師強調，五年前吊燈仍然是客廳主流燈具，而近年來流行極簡風及俐落的設計感，燈具不再是主軸，但往往是畫龍點睛的視覺焦點，他建議要先掌握好空間語彙與材質特性再來選燈具。當燈具位置正好在住家各區域重疊的動線上，不管走到哪裡都能看到它，那麼選一盞設計感十足的燈具就很重要。舉例來說：由鋼構玻璃和手工鎢絲燈泡組成的進口燈具，優雅的造型和光線，十分適合用餐情境，而且不管從什麼角度都能欣賞到它的美。

可以活用不同高度的燈光，例如吊燈、立燈、桌燈、落地燈等，表現照明不同的高度和層次。圖片提供 _ 水相設計

Q05 現代簡約風的居家，適合怎樣的照明燈具，可以有設計感又能有足夠照明？

空間整體表現以簡潔設計為主，兼具現代感和造型的燈具，可以表現較強烈的風格。

現代風的居家一般沒有太繁複的設計，而以明亮的空間感或幾何造形為重點。沈志忠設計師認為，自然光的色溫，高功率的LED日光燈，是很好的選擇，只要再加上可微調的控制，就能依空間需求表達出想要的層次感或想突顯的重點。

由於現代簡約風的空間大多比較偏向展現個人風格或獨到品味的設計，因此有科技感或比較前衛的設計也是可以考慮的方向，沈冠廷設計師就建議，簡約風的設計可以隱藏所有的燈具，讓光線自己來說話。

圖片提供 _ 沈志忠聯合設計

Q06 鄉村風格的空間，可以選用何種照明燈具，襯托出樸拙的美感？

燭台式吊燈是設計師公認表現鄉村風最好的選擇。

提到鄉村風，大多都偏向呈現建材的原始樸拙美感為主，或是表現出時間走過的痕跡。因此，會大量使用木頭材質的裝潢、木製傢具，以及使用棉、麻、馬賽克拼貼等天然建材材質，營造出自然與溫馨的感受。沈志忠設計師認為，蠟燭造型的大型吊燈最容易成為空間的焦點。如果是餐廳的燈具，配合E12燈泡，將光源方向往上投射，更能營造出情境照明的效果。

圖片提供 _ 沈志忠聯合設計

Q07 粗獷 Loft 風的居家照明燈具可以怎麼做選擇？

金屬或工業風的燈具，可以表現出粗獷不修飾的美感。

Loft 風格的空間沒有太多餘的裝潢，設計上通常沒有釘天花板，需要用主吊燈、軌道燈、立燈來打亮空間，李智翔設計師建議，選擇具有產品原始樣貌的工業風格最為恰當，如金屬吊件加軌道燈、鎢絲燈泡或 mid-century 風格的燈具。

對沒有細膩裝潢，空間簡單粗獷的 Loft 風，可以採用金屬或工業風，甚至是探照燈式的燈具。其實，燈具應該要搭配空間做變化，如果選擇造形特殊有個性的鹿角燈，也很能成為好的點綴。鐵皮燈罩搭配光源外露或是骨董燈具，都是十田設計沈冠廷設計師認為能夠貼切表達 Loft 風格的照明工具。

圖片提供 _ 十田設計

圖片提供 _ 十田設計

Q08 日式風居家環境最適合搭配何種燈具？

日式空間大多以木製傢具為主，柔和圓融的燈具最能突顯和風禪味。

布面的燈具，或半透光材質的燈具，所散出的燈光效果最為柔和，是李智翔設計師心中認為與日式沉靜的風格頗為搭配的燈具。若想表現東方情調，燈籠造型可以完美的詮釋，沈志忠設計師在日式居家中常見的茶室中，安排線編的燈罩，燈籠式的渾圓設計，讓濃濃的日式風情隨著光線流淌而下。沈冠廷設計師則建議可以使用紙製燈具，像紙燈籠，其他如竹製燈具或竹製燈罩，也十分適合日式禪風。

選擇傳統日式風格的大吊燈，呼應人文禪風的整體設計風格，保留開闊氛圍並添加視覺層次，營造出空間亮點，紙織的細膩與優雅質感，與清水模牆面交織出冷暖平衡的美感。圖片提供＿日作空間設計

燈籠式燈具設計瀰漫著股日式風情。圖片提供＿沈志忠聯合設計

Q09 古典風格居家環境最適合搭配何種燈具？

古典風格的呈現大多強調細緻與帶點皇室品味的奢華，線條或作工繁複而帶有華麗感燈具最能表達出視覺上的享受。

帶點華麗設計或鑲有水晶的燈具，較能表現出古典又低調奢華的韻味，沈志忠設計師對對左圖這盞屋主自己的收藏品印象深刻。這盞以鐵線綁繞成格子狀的燈具，手工十分精細，特別的設計就在每個格子上都鑲有一顆水晶，當溫柔的光源透射而出，就會因為水晶折射，在牆面上形成特殊的光影變化，搭配造型古典的鏡子或傢具，讓空間氣氛增添浪漫，稱得上是古典風的代表。

圖片提供 _ 沈志忠聯合設計

Q10 北歐風居家環境最適合搭配何種燈具？

造型簡單或具混搭味的燈具，完美演繹北歐風格。

北歐由於氣候寒冷，有著雪地、森林和豐富的自然資源，生活品質良好，因此有著獨特的室內裝飾風格，清新而強調材質原味，鐵件、玻璃、原木是常見的建材，適合造型簡單或具混搭味的燈具。

簡單但時髦的北歐風，其實可以搭配有點年代的經典設計燈具，更能提升質感，選擇燈具時應考量搭配整體空間使用的材質，以及使用者的需求。在一般而言較淺色的北歐風空間中，如果又有玻璃及鐵件，就可以考慮挑選有類似質感的燈具。60年代碳纖維結合玻璃纖維材質製成的知名燈具，燈體燈炮的纏繞弧度十分有特色，搭配木質空間選擇銀色而不選金色，可以和周邊的不鏽鋼和玻璃互動反射，達成空間和諧感。李智翔設計師建議採用造型幾何、簡單、色彩是白、灰、黑、原木材質的燈具。而沈冠廷設計師則推崇 Louis poulsen 的燈具，和北歐風很對味。

Q11 有什麼管道可以訂製獨一無二的燈具？

想打造一個屬於自己的獨特空間，有設計感的燈具絕對是佈置的重點。而一般燈飾店和工廠都能代客量身訂做燈具。

李智翔設計師指出，台灣大多數的燈具廠商都可以依據圖面為客戶量身訂製燈具。不過沈志忠設計師則提醒大家，台灣業者是有燈具訂製，也有不少復刻版燈具，只是不如原件細緻，但自購燈具如果是5萬，自製燈具可能要20萬，價格不菲，可以衡量自己的需求做決定。

沈冠廷設計師則表示，特殊燈具一般都可以透過燈飾店或是木／鐵工廠直接訂製，也可以將需求告知照明設計師，由設計師根據空間及想呈現的效果加以統合完成，精緻度、完整度會更高。

訂製款燈具可依個人喜好打造，但價格較高。圖片提供 _ 由里室內設計

Q12 如何用照明達到療癒和紓壓的效果？

現代人工作緊張，回家就想遠離壓力，適當的照明幫助紓壓，讓人更能放鬆心情。

一個空間是否給予人放鬆緩和之感，燈光氣氛的營造往往可以產生最直覺的影響。一個空間要達到令人放鬆紓壓的情境，在燈光照明上要注意以下幾點：

1明暗對比：整體對比不可過高，最亮處與最暗處照度落差小於3：1。

2平均照度：整體平均照度勿超過500 Lux，建議值為350 Lux以下。

3色溫選擇：適合療癒及紓壓的顏色有淡綠、淡藍及淡紫色系。

4間接照明與直接照明：光源要柔和，避免過多直射性的光源，例如投射燈，最好藉由燈光反射的效果打亮空間，視覺不要直視燈具。

圖片提供＿水相設計

Q13 如何運用燈具造型與照明的變化，打造奢華多變的派對氣氛，讓訪客眼睛為之一亮？

具現代感線條的燈具，和呈現夢幻般色彩的照明，最能吸睛。

明亮的光線是絕對必要的關鍵，再藉由燈光或加裝一個光線調節器，適時用可調整式的照明或燈光的顏色表現熱鬧的氛圍，甚至可以配合音樂，就能滿足不同情境的需要。

沈冠廷設計師指出，要營造奢華多變的派對氣氛，適合使用造型特殊的一系列燈具，包含吊燈、壁燈、桌燈、立燈等，來創造令人驚豔的第一印象。另外可於重點區域營造彩色間接燈光，依需要適當開啟，營造賓主盡歡的夜晚。

圖片提供＿歐斯堤有限公司

Q14 若想透過窗戶欣賞美麗的夜景，希望室內仍有基本的亮度，但又不致干擾到窗外景致，該如何解決？

利用局部可調整光源，把美麗的夜景引進室內來。

從高樓層遠眺窗外如銀河般閃閃動人的夜景，如果此時窗戶卻映照著室內的一景一物，會讓欣賞夜景的情調大打折扣。最好的方式是將全室的燈光關閉，但如果為了走動上的安全，仍想維持室內基本的照度，可以從以下方面去著手：

1關閉主要照明設備：將環境光源關掉，開啟裝飾性燈具，如立燈、桌燈、落地燈加上局部投射燈，避免干擾欣賞的視線。

2開啟的室內光源最好低於視線：沈冠廷設計師指出，由於夜晚內外照度差異，室外暗而室內亮，夜間的室內落地窗如同一面鏡子，因此更需注意調整由窗前觀賞者角度可見的任何刺眼燈光。在環境許可下，可預留間接照明於牆壁或地板相接處，作為觀賞夜景時的環境光源即可。

Q15 如何透過照明將夜晚中的庭院打造得具有情調與美感？

重點打亮部分景觀，營造出觀賞的視覺焦點。

夜晚的庭院，要妝點出情調與美感，燈光的使用更需搭配園內的造景，沈冠廷設計師認為不宜過黃或過白，演色性越高越好，才能顯現出植物的原有色澤。他建議採用暖色系 3000K 的光源，並且演色性指數要大於 85。

均亮並不是最好的選擇，適度的提高重點景觀對比，更能營造出有層次的效果。

因此李智翔設計師認為善用地燈、樹燈，將戶外空間的照明分出明暗層次，並不需要像室內一樣使用均質的亮度。

圖片提供 _ 柏成設計

圖片提供 _ 水相設計

Q16 想在餐廳旁的吧檯打造宛如酒吧的燈光氛圍，可以如何去做？

吧檯通常不大，但卻是家中令人放鬆的重點設計，營造氣氛十分重要。

吧檯可能是大坪數空間中的小角落，讓人可以小酌放鬆，享受微醺的感覺；也可能是小屋子的多功能餐桌，實用與氣氛都要兼顧。沈冠廷設計師建議，除了採取一般酒吧的低照度高對比昏暗燈光配置外，還可於吧檯檯面以透光材質內藏燈光，以彩色的燈光營造時尚與繽紛的氛圍。

圖片提供 _ 奇拓室內設計

Q17 小孩多怕黑，兒童房的照明如何可以更有童趣？

兒童房的主要照明應該以維持明亮為原則，夜晚光源則應有讓兒童入睡的安心感。

要讓兒童房的燈光有童趣，也須兼顧孩子眼睛的健康，因為兒童房大多是小朋友主要的活動地區，依據不同的使用情況應該有不同強度的光源，除了主要照明，夜晚可以善用床頭燈、預留小夜燈、選擇較具童趣的燈，但要避免選擇會眩光的燈干擾視覺。

沈冠廷設計師強調，兒童房應該避免只有單一照明開關迴路，而是設置不同迴路，以符合睡眠、遊戲、閱讀等不同使用需求，並增設調光迴路，燈具方面可以選擇兒童喜愛的主題，於壁面客製相關圖案之間接燈具以增加趣味。李智翔設計師建議在主燈外，可選擇部分趣味的造型壁燈，或在角落加上夜燈設計，兒童較不會怕黑也比較安全。

Q18 如果不依賴燈光，有沒有什麼方式也能簡單營造具有光線的空間情調？

蠟燭或特殊燈具，都能營造不同的氣氛。

蠟燭是古代人的主要照明工具，但在現代，有著不同顏色、造型甚至帶有芳香氣味的各種蠟燭，卻在特殊場合取代燈光，成了製造浪漫氣氛的工具。很多人喜歡在臥室、餐廳或泡澡時點上蠟燭，欣賞光影搖曳的美感，但考慮安全起見，最好用燭台或放置於玻璃瓶或燈具中。一盞造型特殊或別致古怪的燈具，也能創造出不同氣氛的生活氛圍。

蠟燭可以點綴居家情調，但使用上要留意安全。
圖片提供 _ 非關設計

Q19 客廳是放鬆休閒的地方，也是全家人的交誼廳，還兼具閱讀的功能，所以需要不同的情境，能不能有什麼方式讓同一空間營造出不同氣氛？

先了解空間的光源需求，再營造出主軸焦點。

當同一空間需要不同表情時，沈冠廷設計師認為，可以增設照明情境控制系統，而這個系統應具有以下功能：

1 場景設定：透過不同迴路的場景設定，如欣賞電影、品酒、閱讀、聚會等，依照不同需求，調整各燈光迴路亮度，在單一空間營造不同氣氛。

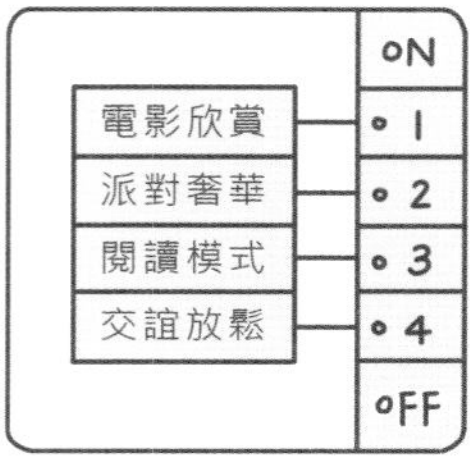

場景開關。

調光開關。

2 調光功能：根據在空間中從事的活動不同，會有不同的亮度需求，視情況做適當調整，不僅符合實際需求，更能節能。

臥房晚間搖身一變，成為觀賞極光的小天地。由於本案例的屋主相當喜歡極光，於是設計師請一位專門畫星空彩繪的藝術家在床頭牆面作畫，白天或不開燈的狀態下，完全看不到特殊油漆；不過，夜晚在螢光燈的照耀下，極光瞬間出現。圖片提供 _ 璞沃空間設計

白天日照相當充足，即使不開燈，早晨可以循著日光早起，也能在臥房看書。圖片提供 _ 璞沃空間設計

一個客廳多種風情，左圖為沈志忠設計師利用不同的光源來表現，立燈可以視為光的雕塑者，壁爐的柴火燃燒時也能呈現不同光影。光源的使用方式，要配合空間語彙與使用者需求，以及光影和空間的關係，這些都會影響燈具與色溫的選擇。

圖片提供 _ 沈志忠聯合設計

Point 5

照明的維護與使用安全

不論夜晚或白天，照明設備的使用頻率極高，可說與我們每日的作息緊密相關，正確地使用照明器具，以及定期地維護與清潔，才能延長燈具使用壽命，並確保生活空間的安全。

Q01 平日使用照明設備有哪些地方要特別留意？

「用電安全」與「燈具溫升問題」為首要注意重點。

照明設備與生活緊密相連，但也因為過於便利容易讓人忽略許多細節，在此特別提出平日使用照明設備時須留意事項：

1 確認燈具與電源的電壓是否相容。

2 注意燈具的電量負載。尤其軌道燈的軌道有額定容量，如果隨意加燈超用則易發生危險，另外多盞燈具共用延長線同樣要避免電量過載。

3 燈具安裝過於密集易產生燈具的溫升問題。因此，建議二盞燈之間應保持適當距離以策安全。一旦燈具內溫度過高，會使安定器的溫升超過容許範圍，導致安定器、燈泡的壽命縮短，發生燒毀及燈座或燈具內部裂化現象。

4 燈具需與熱源保持安全距離。一般瓦斯器具上方溫度都相當高，若須安裝燈具應與熱源保持至少一公尺以上距離。

5 燈具置放地點應避開易燃物品。而且不能將布或紙張直接覆蓋於燈具上，以免造成過熱而引發火災。

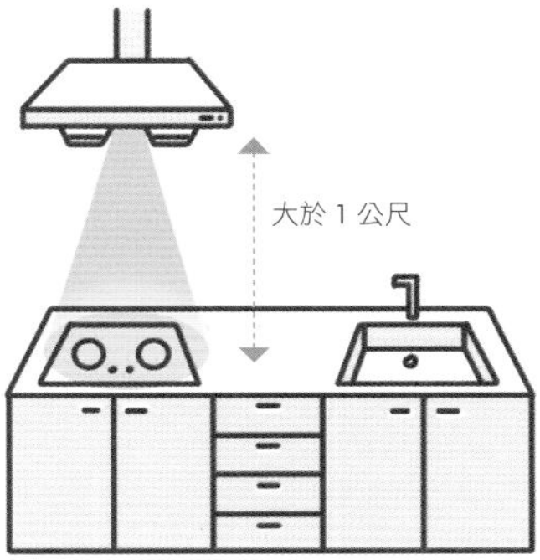
大於 1 公尺

Q02 浴室、廁所內的燈具會不會因受潮而更容易受損？有辦法預防嗎？會不會有漏電的危險呢？

選擇以防濕型或 IP45 防護係數的燈具，避免直接安裝開放式燈具。

1 東亞照明專家解釋，所有電器在高濕氣場所都有可能產生漏電的危險，而且燈具容易因空氣中的濕度導致絕緣不良、反射板生鏽等問題，所以不管是在浴室內或屋外有水氣、雨淋狀況的場所，都應避免直接安裝開放式的燈具，而需選擇使用防水型燈具。此類型燈具依防水性能差異可分成防濕型、防雨型、防雨防濕型等三種，浴室內以防濕型為宜，但提醒在線路安裝的接點上也需要有妥善的絕緣處理。

2 歐斯堤照明專家建議在潮濕空間中須選用防護係數 IP45 的燈具，才不容易因受潮而讓燈具容易損壞，安裝上則需使用防水型的接電方式來防範漏電危險，還有在維修、更換燈泡時也要注意保持乾燥，以免發生危險。

Light Box IP防護等級系統

IP（International Protection）防護等級系統，是將電器依其防塵、防濕氣之特性加以分級。其防護等級是由兩個數字所組成，第一個數字表示燈具防塵、防止外物侵入的等級，第二個數字表示電器防濕氣、防水侵入的密閉程度，數字越大表示其防護等級越高。

燈具防濕、防水進入的密閉性等級為 5
IP45
表示燈具的防塵、防止外物進入的等級為 4

・IP防護等分級介紹

等級	電器離塵、防止外物侵入標準	電器防濕氣、防水侵入標準
0	無保護	無保護
1	可保護避免直徑大於50公釐之異物掉入	可在水滴垂直滴入時發揮保護作用
2	無可保護避免直徑大於12公釐之異物掉入	水滴垂直滴入，外殼在傾斜15°範圍內，可發揮保護作用
3	可保護避免直徑大於2.5公釐之異物掉入	可在噴灑水的狀況下，發揮保護作用
4	可保護避免直徑大於1公釐之異物掉入	可在水噴流狀況下，發揮保護作用
5	部分防塵	可在灌水狀況下，發揮保護作用
6	完全防塵	可在強力灌水狀況下，發揮保護作用
7	（無）	可在浸入水中狀況下，發揮保護作用
8	（無）	可在連續浸入水中的狀況下，發揮保護作用

Q03 大型的吊燈該如何考慮天花板的承重問題？在安裝上要注意什麼？

大型的吊燈該如何考慮天花板的承重問題？在安裝上要注意什麼？

大型吊燈除了提供空間照明，也是空間的聚焦裝飾，不過，想在家中安裝大型吊燈並不是只管挑喜歡的燈款就可以，歐斯堤照明提醒事先要注意以下事項：

1若有設計師參與裝修工程，可先向店家詢問中意的燈具重量，再和設計師討論承重的工程問題。

2一般天花板承載重力是有限的，尤其大型或金屬材質的吊燈都有相當重量，建議還是安裝於水泥天花板上最好。

3如果只能安裝在木作天花板上，須在木工施作前，先於天花板上固定好特製的壁座及吊鏈，施工上也需要特別小心。

4一般裝潢常見的矽酸鈣板天花，其實是無法承重的，因此，想安裝吊燈的話一定要以木心板或角料再作加強，一定要請專業的燈具師傅或設計師先行評估，避免買完燈後才發現無法安裝的問題。

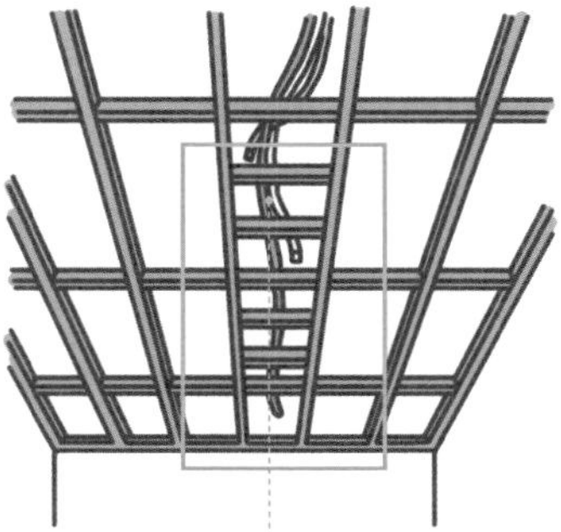

加強天花板承重結構

Q04 檯燈或立燈的用電量高嗎？是否可以與其他電器共用延長線呢？或者應該獨立插座呢？

檯燈或立燈若與其他電器共用延長線者，建議選用有過載保護的延長線。

一般家用的檯燈或立燈的用電量都不高，耗電量約在20～30瓦左右，因此，並不一定要使用獨立插座。但如果與其他電器用品共用延長線而未計算整體電流負載，容易因為不斷的延長產生電流過載的問題，而有電線走火的疑慮，建議購買延長線時，可以購買有過載保護的產品較安心，當然，使用獨立插座則是相對最安全的方式。無論何種燈具，若耗電量超過150瓦以上則需要獨立插座，例如高耗電的鹵素燈就可能達300瓦，絕對要特別注意。

Q05 小孩房的燈具在安全考量上該如何選擇？

可從燈具本體的材質、防護設計及周邊環境全面考量。

對於成長中的孩童而言，眼睛的保護相當重要，因此，一般還會加強桌用檯燈做直接照明，但是在小孩房內除了需要有照度充足的光源燈具外，選購燈具時還有沒有需要注意的事項？

1 燈罩或燈具本體應避免選用易脆裂的材質，如玻璃類材質。

2 避免將燈具放置在幼童可以直接觸碰到的範圍。

3 不要選擇有金屬外露的劣質燈具，容易因金屬帶電而導致觸電的危險。

4 燈具本身最好有防燙傷的燈罩覆蓋設計。

5 燈具本體的品質良好，不能有銳利邊角等設計，以防刮傷孩子。

6 檯燈或立燈放置的位置要避開有易燃物的環境，如絨毛玩具、抱枕、紙張……，以免因燈光、燈具熱度造成引燃的危險。

防燙罩

Q06 燈光也會產生紫外線，不同的光源對人體的健康是否會有所影響？如何選擇？

一般燈光紫外線不多，唯需避免使用紫外線強的鹵素燈。

歐斯堤照明行政總監陳芬芳表示，一般的光源都有紫外線，只是多寡的問題，不過，光源中的紫外線對健康危害其實相當有限。東亞照明專家也認同一般日光燈的紫外線其實很少量，唯有鹵素燈會有較強紫外線，但可使用其他替代的光源，例如無紫外線的LED即可取代傳統投射燈，不用過於擔心。其實百貨商場內因大量用鹵素燈，才是會需擔心紫外線威脅的場所。選擇燈光時，可用以下三種方式避開紫外線影響：

1 建議可選用無紫外線、又節能的LED光源。

2 盡量避免使用紫外線強的鹵素燈，或者選擇有濾罩設計的燈具，可過濾掉部分紫外線。

3 如果需要重點式展示照明，也可選用石英類防紫外線的燈泡取代鹵素燈，同樣有鹵素燈顯色自然的優點。

Q07 燈具在清潔上有哪些注意事項？大約多久要清潔一次？

定時清理燈具讓光源效率更佳，也可延長燈具壽命。

1 燈具清潔的注意事項：燈具清潔時，第一也是最重要的步驟，是務必先關閉電源，以免有觸電危險，切記不可使用有侵蝕性的清潔劑去清理。燈泡、燈管及電線部分，可以簡單地用乾淨的濕抹布擰乾輕輕擦拭；至於燈具常見的金屬結構部分，避免直接用抹布擦拭，以免原先覆蓋在金屬上頭的灰塵會因此刮傷燈具表面，適當的做法是先用撢子、吸塵器或吹風機將灰塵處理乾淨，再進行擦拭的動作。

2多久需清潔一次：燈具清理的頻率主要需依環境中空氣的落塵量多寡而定，一般約每半年一次即可，落塵量較多的環境，如大馬路旁則需要增加清理次數。好的燈具透過定時的維護、擦拭與保養，不但可增加燈具表面的光澤及壽命，而且光源的表現效率也會更好。

Q08 不同材質的燈罩應該如何清理，是否有特別要注意的事項呢？

燈罩的清潔應依不同材質，做不同的清潔處理。

燈罩是光源的外衣，其實不僅人要衣裝，燈光透過外罩的完美搭配也可大幅提升其裝飾價值，因此，對於燈光的美麗外衣更要隨時細心維護保養，讓它們永遠光鮮亮麗。

常見燈罩材質的清潔方法：

1玻璃類：一般玻璃可用清水或柔性洗潔劑清洗，唯有復古玻璃因在玻璃表面上另有加工的仿古粉屑，必須以清水先用軟毛刷清理。

2布質材料：使用軟毛刷輕輕將灰塵彈落，如果灰塵較久沒有清理，加上氣候潮濕使灰塵已經附著在燈罩表面上，可以將燈罩拆下拿去沖水，並用柔性洗潔精再用軟毛刷輕輕刷洗，洗淨後將燈罩陰乾即可。

3塑膠類：用溫水製作石鹼水，用浸泡過石鹼水的軟布將汙垢抹除，再用清水沖洗乾淨後，放置於陰涼處自然風乾。

4不鏽鋼類：可以拿乾布先做擦拭，再檢查表面是否有沾到汙垢，針對汙漬處請用中性清潔劑擦拭過，再用清水沖洗。

5表面加工部分：以質地柔軟的布輕輕擦拭，避免用質料過粗的紙張擦拭。

Q09 當日光燈管閃爍或不亮的情況，可能會是什麼原因呢？

先檢查燈管、再查看安定器，別讓燈光閃爍變成視力問題。

處在燈光閃爍的環境中會造成近視、散光等毛病，若長期置身在這樣的照明環境下，還有可能會頭疼、頭暈、雙眼疲勞……等病痛，但究竟是什麼原因造成燈管閃爍呢？

現今的日光燈已全部使用電子式安定器，所以不會因為點燈器不良造成閃爍的問題，若發生燈管閃爍或不亮時可以先行更換燈管，若還是不會亮再更換日光燈的電子安定器。不過，現今很多日光燈的電子安定器已經藏於燈具內，並無法自行更換，只能更換整組燈具組。

日光燈發生閃爍問題，若非電壓問題，則可能是使用的安定器品質不穩定，或是燈管壽命即將終了，建議別忽視問題，應該要儘早換掉，以免讓眼睛忍受更多閃爍之苦，同時換新燈管也會比較省電。

Q10 如果同一處燈泡損壞率特別高，是電壓有問題，還是燈泡選擇錯誤？

保持電壓、電流穩定，才能讓燈泡延年益壽。

如果家中同一處燈泡的損壞率特別高，最有可能的問題應該是電壓或是電流不穩定造成的，此外，若經常開關也會增加燈泡的耗損率。提醒讀者可先檢查所有電線接點是否接合牢固，其次可以在檢查燈泡與燈頭的接點接觸是否緊實，若都沒有問題，就要更進一步確認電壓脈衝是否過高，導致某幾個燈泡特別容易損壞。另外，電壓不穩定的問題有可能是同一個迴路的用電量忽高忽低，例如，吃電量較大的馬達一啟動，就會造成燈光變暗的情況，這就可證明電流不穩定。

至於燈泡易損壞是否與規格挑選錯誤有關呢？燈泡與燈座的規格不符合的話根本不會亮，理論上不會用了一陣子才壞。唯有鎢絲燈及鹵素燈這二種燈泡較不同，若燈座電壓為110V，卻使用220V的燈泡，燈雖然會亮，但亮度會減小；反之若以220V的燈座配裝110V的燈泡，則燈泡會立即燒掉。

若同一個迴路用電量過高，會產生燈光閃爍或跳電現象。

Q11 自行購買的燈具需要注意什麼？

必須仔細確認需要的亮度、大小、造型及規格。

一般居家使用的燈具大多都可在賣場中找得到，加上如果只是換個燈泡、增加一盞照明燈，這等小事也不可能請設計師或水電師傅代勞，但對於一般租屋在外的年輕人、甚至女孩子，可能在燈具選購時抓不到重點，建議在前往賣場前還是要先做一下功課。

1先確認燈光的固定方式，例如燈泡多是採用旋轉式，而日光燈管則是卡式固定。

2事先確認過適用的燈泡造型及大小尺寸等規格，如螺旋型、U型或球型。

3查看清楚目前家中使用的電壓，如為110V則不能選用220V的燈具。

4對於燈具有沒有需要特殊功能，例如防眩光設計，或者防潮的功能。

5若擔心自己照明知識不足，在購買時不妨多參照優良商家的專業建議，或者以燈具合格安全的CNS認證與產地來源作為選購基準。

Q12 購買燈具回來自行安裝，有哪些祕訣、要注意哪些事？

若是需要固定的燈具，要注意安裝基座的穩固度。

自行購買燈具回來安裝的狀況，大致可分為二種，一為吊掛式燈具，需要做固定施工步驟的燈具；另一種則是不需任何工程，只是接上電源的單純安裝。

1須固定施工的燈具：如吊燈、壁燈等

（1）在做自行安裝時，需要先仔細觀看說明指示書中所載明的注意事項及施工步驟。

（2）因為需要在天花板上或牆面上做鎖定的動作，要特別注意確認牆面基座的穩固性。

（3）如果基座是矽酸鈣板或塑膠板，在鎖上固定燈具的五金時，請務必確實將螺絲鎖在天花板或牆內的角材或骨材上，以防止燈具掉落造成危險。

（4）在鋼筋混凝土面裝置燈具時，須等混凝土面確實乾燥後才可進行安裝，否則等燈具安裝後，混凝土濕氣可能被燈具吸收而導致絕緣降低，讓燈具塗裝面脫落。

2無須施工的燈具：如檯燈、立燈等

（1）燈具安裝前先確認燈具規格，確認規定電壓與電源電壓是否相符合，例如：110V的燈具使用220V的電壓，將使內藏的安定器燒毀。

（2）查看燈具本身組裝是否牢固，電源接線是否良好而無任何傷損。

（3）檢查電源接線、電池接線、燈管、燈座是否有確實嵌合。

（4）將燈具接上插座後，確認開、關燈可正常動作，以及調光狀態都能操作順利。

（5）若需要自行裝入燈泡或燈管時，請先切斷電源以避免發生危險。

（6）安裝後完成後切忌在燈具或燈泡上以布或紙覆蓋，以免燈具的散熱受到阻礙，同時與窗簾等易燃物保持距離。

Q13 家中原有安裝緊急照明設備，平常不曾用、停電時卻又無法順利運作，到底該如何選用適當緊急照明設備？應如何去使用？

定期做放電保養，讓緊急照明燈的電池確保正常運作。

緊急照明內有裝置乾式電池，停電時可以提供局部的照明，是急難時的救星，但是居家使用的緊急照明因平時很少使用，容易疏於檢查，等到需要使用時才發現無法使用，讓緊急照明設備失去意義。

1每2～3個月保養一次：對此照明專家建議，在平時每隔2～3個月，就要主動將緊急照明的電源拔掉，讓緊急照明燈點亮至少半小時以上，盡量將乾式電池的電量耗盡，再將電源插上繼續充電，這樣的放電動作是緊急照明必要的基本保養，可以大大增加緊急照明燈的壽命。

2定期檢查確認正常運作：藉著放電的同時做檢查的動作，如發現燈不亮或者電池有問題，可及早修理或換新，就可避免停電時燈無法點亮的窘境。如果需要可在各空間裡放各一個燈，在停電時緊急提供照明，不過要提醒一般緊急照明的點燈時間大約只有90分鐘。

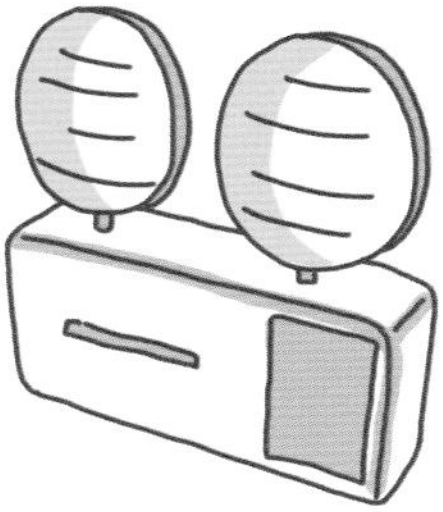
壁掛式緊急照明燈

嵌入式緊急照明燈

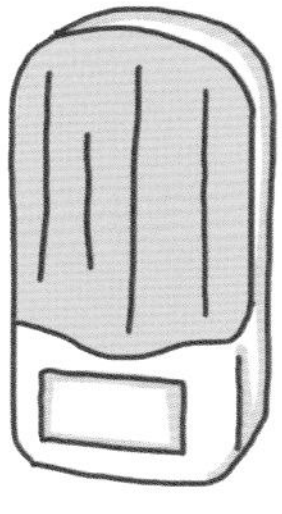
壁掛式緊急照明燈

Q14 壞掉的燈泡（管）該如何回收？可否直接丟棄？

廢棄燈泡不可當作玻璃回收，更不能直接丟棄。為避免燈泡放置家中造成破損或傷人的情況，應盡速將燈泡送至鄰近賣場的回收處或專門回收單位。

廢棄燈泡（管）因含有玻璃、塑膠、金屬等資源物質及微量的汞，為了再利用資源及避免環境汙染，故須回收處理。如前述，燈泡（管）不是玻璃，不能直接放入廢玻璃類做回收，應送至清潔隊資源回收車、照明光源販賣業者、回收商進行回收，或者送至鄰近的居家賣場，通常大賣場都設有專門回收處，做專業後續處理。基於安全考量，裝設或拆卸燈泡時，建議戴上橡膠手套，可減少因抓握不牢而有燈泡墜落之虞。此外，取下燈泡時應握住金屬燈帽或塑膠底座施力旋轉，避免因直接旋轉玻璃或過度用力造成燈泡破裂。換下來的燈可放入新品的紙套，以減少破損機率。

Point 6

商業空間照明應用

相較於居家照明以舒適為主要訴求，商業空間的照明手法更為多變與豐富，除了基本的要求之外，更強調氣氛的營造，塑造視覺的張力以及更多面向的考量。透過適當的照明設計，導引整體商業空間的動線，並藉由燈光聚焦與配置，讓商品或服務更有質感與吸引力。

Q01 商業空間在進行設計照明時，和居家空間有何不同考量？

商空照明著重整體演繹效果，居家照明強調均質和諧。

居家空間和商業空間在本質上就存在差異，一個是常待的定所，一個是短暫停留的流動空間。燈光照明上，居家強調舒適和諧，但商業空間則是尋求短時間內感受性高的空間。居家照明也反映著個人的性格和生活，多數光源強調均質，但商空卻強調特殊性，表現商品強度。可以從三個面向分析：

1表達空間或建築物整體特性：操作燈光與空間本身屬性有關，例如一棟玻璃帷幕建築，內外光線沒有明顯界線，如何融合燈光和建築物為一體，影響了整體視覺效果。

因應空間特性，使用較冷的白光，營造冷冽有個性的空間氛圍。
圖片提供＿直學設計

2維持基礎照明同時表現商品特性：在兼顧燈光效果的同時，仍然要維持空間的基本照度。所謂基礎照明指的就是看得到空間，能辨識方位，且能利用技巧拉出視覺上的光度差異。例如利用投射燈的角度，勾勒空間光線的對比性和光影層次。

3商空重視燈光演出效果與人的心理感受連結：一般來說，平價商品和高價商品會在燈光顏色上展現不同色溫，平價品牌強調明快活力，大多選擇偏白光；高價商品需要營造一個舒適質感光源，大多選擇黃光。

Q02 商業空間的照明設計階段，一般而言須考慮到哪些大的方向？

可分五大方向：誘導配光、基礎安全配光、重點照明、情境照明、緊急與逃生照明。

商空的照明設計在配置上比居家空間來的複雜許多，一般可分為五大方向：

1誘導配光：所謂誘導配光，就是從最一開始，也許是空間外圍或是一入門的時候，就用低尺度的燈光建立一種視覺上的秩序性，引導客戶隨著微弱但有秩序的光線往空間內移動。

2基礎安全配光：不同的商空，擁有不同產品特性。但都需要一定的照明度，才能辨識產品，同時確保顧客在空間裡活動的安全。例如餐廳需要的是能柔和打在桌面上的光源，才能照亮餐點還能突顯食物的美感；而服裝店則需要在衣物陳列上投以足夠光源，才能照亮產品。

3重點照明：所謂的重點照明，也就是局部照明。例如投射在展示檯面上的光源，強調突顯產品特性，一般會以較為聚焦的LED投射燈為主。也可以針對想強調的區域，特別安置光源，突顯特性。

餐廳照明無論如何玩弄光線，桌面上有基本光源是必須的，才能照亮餐點，而黃光是照亮食物的最佳選擇。圖片提供＿直學設計

將燈具集中在用餐區，利用吊燈投射光線到桌面，也是重點照明的方式之一。圖片提供＿直學設計

4 情境照明：操控不同光源為空間增添視覺變化的情境照明，豐富了空間與光影的想像，創造商空更多樣的視覺饗宴，例如結合電子產品，將不同光影氛圍利用按鈕控制情境模式。如今科技進步，未來趨勢可能是將情境照明系統結合3C產品，用手機下載軟體，即可直接操控。

此案為雙橡園的 101 bar，運用不同的燈光色彩層次，豐富空間的光影想像，創造更多元的視覺饗宴。圖片提供 _ 光拓彩通照明顧問公司、雙橡園開發

5 緊急與逃生照明：保障公共安全的緊急照明系統，必須依照法規安裝。

此建案為宏璟日月光，每個公共空間在設計之初，都必須依照法規設置緊急照明。圖片提供 _ 光拓彩通照明顧問公司、大形室內設計

・與售貨區域對應的照明功能

售貨區域的共同功能	照明功能	照明要點	照明燈具
提示售貨區域的存在	（1）透過裝修傳達商店的資訊 （2）代表商品特性的展台與櫥窗的照明	例如—展台頂光照度：垂直面照度／水平面照度＝6	彩色串燈 POP 標誌照明 霓虹 櫥窗照明燈具
售貨區域的客流引導	（1）內牆的照明 （2）無一般照明的不舒適眩光 （3）形成售貨區域的親切氣氛	（1）牆面照度：垂直面照度／水平面照度＝3，且光源色溫度應位於售貨區域局部照明色溫度的推薦範圍內 （2）使用具有適當遮光角的燈具 （3）使用符合氣氛要求的照明燈具	牆面照明燈具 牆面泛光燈 牆面聚光燈 洗牆照明 眩光限制燈具
強調商品的特徵	控制商品、內裝的陰影及光澤	靈活運用光的指向性	聚光燈 筒燈
正確傳達商品資訊 (1)顧客選擇商品 (2)迎客並介紹商品	（1）顧客在選擇商品時，使顧客明白與其他商品的差異 （2）使顧客與店員相互看清對方的表情 （3）使顧客能夠設想商品的使用空間	（1）商品水平面照度：確保各售貨區域的水平面照度 （2）顯色性良好：Ra 60以上 （3）顏面垂直照度：依據必要性設置局部照明	一般照明燈具 試衣間照明等
顧客購買商品 (1)包裝商品 (2)結算 (3)送客	（1）無誤快速達成 （2）使顧客與店員相互看清對方的表情	結算處水平面照度：750～1000 Lux，由一般照明無法得到該照度時，可與局部照明並用	僅一般照明燈具 或局部照明燈具 下聚光 吊燈 檯燈

資料來源＿台灣區照明燈具業輸出同業公會《照明辭典》

Q03 如何預先模擬出照明在規劃設計時所呈現出來的實際光線效果呢？

利用照明設計軟體建構虛擬實境，比擬現場實景。

過去科技不發達時，只能用「小畫家」軟體比擬光影效果，如今有 DIA Lux 照明設計軟體，可做精準照度計算分析，還具有虛擬實境功能。因此整體空間的照明規劃設計，無論室內、建築、商場或是展場，都能透過軟體呈現效果圖，也能以虛擬實境的方式，呈現擬真度頗高的視覺效果。

運用虛擬實境時，會先精確測量現場，輸入數據建立模型後，把可能會使用的燈具放入，透過軟體運算，DIA Lux 可以表現光線強弱，設計者可以模擬光影在現場的變化。使用照明軟體必須對色彩和光學有基本認識，還要能解讀數據，才能更精準的掌握虛擬和現實的狀況。如果是建築外觀，則無法完全依賴照明設計軟體，得靠經驗判定，考量的範圍也較為複雜，要把周遭光源，四周環境的狀況都考量進去。

建議光源及安裝位置

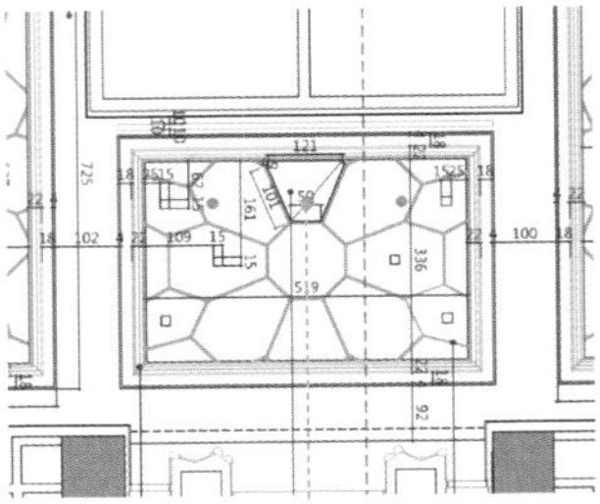

燈具按裝位置天花圖

評估結果：
燈具置放於天花前排嵌燈同一軸線處，選用 LED AR111 中角度光源，光源旋轉 15° 向牆面泛光，降低陰影感。

建議光源：
光源：LED AR111
出光角度：40 度
瓦數：10W
色溫：2700K

LED AR111 模擬評估

利用 DIALux 照明設計軟體模擬現場實景，可以幫助控制現場完工時的燈光照明完整性。圖片提供 _ 光拓彩通照明顧問公司

Q04 大型的空間照明規劃會用到的照度分布圖，設計師常用的形式為何？

可利用照明設計軟體，做出空間照度分布圖。

大型空間的照明設計規劃，一般也是使用 DIA Lux 照明設計軟體，測量整體環境，再輸入數據，以及各個位置可能會擺放的燈具形式，就能輕鬆建立照度分析圖，像是等高圖的概念一般，會分析出光源從最近到最遠的光源數據，成為判讀現場燈光如何架設的參考規範。

DIA Lux 照明設計軟體可以建立照度分布圖，例如光影發射出的光源在空間分布狀況，在光源運用上，一般可分為照度和輝度。照度簡單來說就是指直接落在受光面（如地面、桌面）的總光量，舉例來說，桌面夠不夠亮，指的就是照度。輝度簡單來說就是眼睛感受到發光面或被照面的明亮度，像是間接光源在牆面或天花板形成的亮度。運用照度和輝度在空間內，去塑造空間明亮度層次，是照明設計的主要工作，而照度分析圖提供一個參考。但呈現結果終究只是一個參考，最終依靠的還是現場比對和調整，經驗是最可靠的判讀依據。

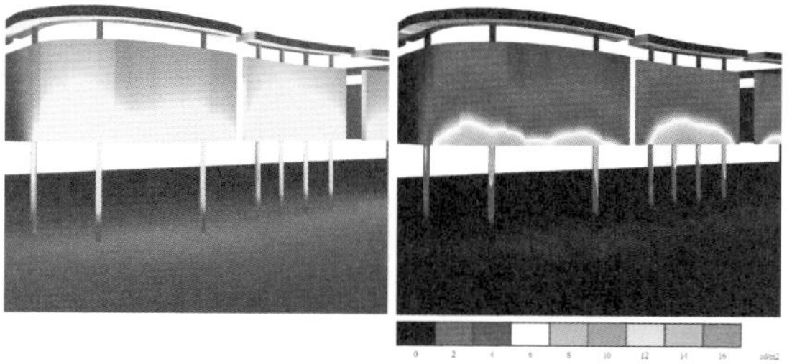

此案為喬立圓容建案，對應電腦模擬亮度色階表現圖的頂樓投光實景，以色溫變化表現出雲層流動的感覺。圖片提供＿光拓彩通照明顧問公司

Q05 可以透過哪些方式幫重點商品進行打光？

為了強調商品特色並營造聚焦效果，會針對商品進行特殊重點的照明方式，是屬於局部照明的一種。一般聚光燈的垂直面照度為陳列商品區域的水平面照度的3～6倍。可選擇利用高亮度商品進行打光，或運用方向性光源從不同角度強調商品的立體感和質感，在特定部位也可選用特殊光色加以強調。

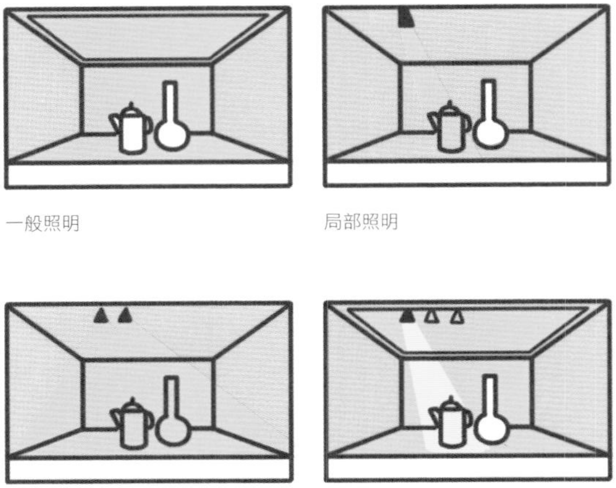

一般照明　局部照明　局部一般照明　混合照明

圖片繪製參考＿台灣區照明燈具輸出業同業公會《照明辭典》

Q06 餐廳在用餐區的照明設計，如何去營造出舒適有情調的用餐環境？

餐廳照明永遠以食物為優先，昏黃光源最適合。

鄭家皓設計師在規劃餐廳照明時，認為無論是餐廳或咖啡館，照明永遠都應該以投射到桌面的光源為主，利用光源增添餐點美感。雖然傳統鹵素燈的燈光效果最佳，但用電量較高且光源較熱，照久了會讓人感到不適，於是LED投射燈是可以考慮的最佳光源選擇，可以減少熱度和用電量。

1色溫適中，呈現食物最佳色澤：色溫選擇上，建議以3000 K為主，尤其是桌面部分，此色溫最能呈現食物與飲料的色澤，LED挑選上則以最接近此色溫為主。

2避免燈具直射產生眩光，可使用軌道燈：商空的燈光配置有個無可避免的狀況，就是因為空間大，燈具多，顧客走動時不免會被直接照射到，產生眩光。孫啟能設計師建議可以使用軌道燈的方式加以避免，因為軌道燈具可以調整方向，彈性較大，依據需求可調整光源，就能盡量避免眩光狀況。

商品陳列區使用可調整角度的投射燈，可依據不同的主體配置彈性調整。圖片提供＿歐斯堤有限公司

想要強調空間氛圍，又希望維持用餐情調，只需要桌面有光亮即可，照亮餐點，餘光又能照映到顧客彼此。圖片提供＿光拓彩通照明顧問公司

Q07 服飾店檯面上的衣服，如何選用適當的光源和燈具的配置來突顯？又更衣間的照明該如何去設計？

重點照明是服飾店光源設計要點，最好是彈性光源。

服飾店最重要的產品就是衣物，款式不可能永遠一成不變，於是如何控制重點照明是關鍵，光源演色性高，產品才能具有不失真的色彩：

1 使用可調整光源的軌道燈：服飾店的陳列時常需要變動，具彈性的軌道燈，可依據每次的佈置調整光源位置。色溫選擇上，想強調休閒感可選用 4000 K的光源，想營造柔和溫暖感，可選擇 2700 K光源。

2 不失真的呈現真實色澤：燈光必須依隨著空間想營造出來的氛圍進行調整，但要留意衣服的顏色不能失真，因此光源不能太過昏暗，演色性不佳，容易導致衣物色澤失真。

3 更衣室適合正面打燈，不產生陰影為原則：更衣室的光源其實不太好打，最好的光源是像舞台後方梳妝台的光源一樣，利用黃白可變色溫光，正面打照。白光可以看清衣服在戶外陽光下的真實色澤，黃光則反映出室內的視感增添柔和。此外，也要避免光源產生陰影，正面打燈可以避免陰影，色溫建議挑選 3000 K，臉色看起來較好看。

Q08 打亮在島型展示台上的人形Model，在照明設計上須注意哪些要點？

避免出現陰影與眩光，依據佈置狀況彈性調整光源。

人形Model展示著衣物，往往是空間內視覺重點，但每一季的衣物特色不同，因此在照明設計上最好光源本身可移動，如果只是純粹打燈，可以使用軌道燈增添彈性。也可以利用材質突顯燈光。

1直射光、側光穿插使用：依據展示台陳列狀況，適當調整光源，不要有陰影及眩光出現是首要條件。一般來說，直接光源最不容易產生陰影，但光源顯得平淡，側光雖然容易有陰影，卻有較豐富的漸層。建議穿插使用直射光和側光，實際打光技巧因為變動性太大，必須依據現場因素調整。

2用材料突顯燈光：展示台除了基本打光之外，展示台本身在規劃時，可以使用金屬材質，善用金屬的反光特性，在打光源時同時照映金屬材質，增添視覺感官。

穿插使用直射光和側光的表現方式，同時映照出金屬質感，創造多變層次。圖片提供 _ 歐斯堤有限公司

Q09 如何設計櫥窗的燈光，才不會讓玻璃反光導致效果減分？

運用隱蔽光源，注意內外空間亮度對比，並善用壁面色澤減少反光。

櫥窗的照明設計因為要結合店家本身所在位置，是單一店面或是位處大賣場中，會有不同考量，以下為主要照明設計注意事項，實際狀況還是得依現場條件調整。

1燈具的配置：所有的燈光應該集中到櫥窗內部的陳列商品上，避免光源分散，照射到櫥窗外，容易造成反光。盡量使用隱蔽性光源，光源較為柔和不會產生刺眼的光線。建議使用高演色性的光源配合適當色溫，櫥窗內的商品色彩不會失真。

2室內要比室外亮：白天無可避免的，櫥窗光源會被日光影響。但夜晚時的光源就很重要，亮度一定要大於室外，光源強度可高於兩倍以上，就不容易產生吃光現象。

3善用壁面顏色：可利用壁面色澤改變燈光效果，比如使用平光或是消光漆色，減少光源反射，進而突顯櫥窗內部產品特色。

展示櫥窗內燈光盡量使用隱蔽性光源，或利用間接照明方式打造氣氛。圖片提供＿歐斯堤有限公司

Q10 美髮沙龍店在剪髮區通常會有大面積的玻璃，照明要如何設計，讓顧客看起來氣色佳，不致產生不當的陰影，也不會因其他光源的折射影響到設計師？

正面光源是首選，減少臉部陰影。

1留意光源位置：工作檯面要留意光源本身反射，強光容易刺激到設計師和顧客眼睛，引起不適。因此光源建議安置在鏡面兩側或頂部，鄭家皓設計師建議使用2700~3000 K色溫的光源，利用正面照映也可減少陰影存在，就能讓顧客看起來氣色較佳。

2 LED燈光源明亮、熱度低：燈具挑選上，建議使用LED燈。傳統的鹵素燈雖然演色性更好，能讓膚色看起來好看，但熱度較高，照映時間久就會感到不適，LED燈則沒有這項困擾，演色性也不差。但建議兩者不要混用，光源錯亂反而演色性變差。

3交錯位置避免光源反射：孫啟能設計師建議座位彼此間交錯擺放，尤其是前後排，光源才不會彼此影響。加上美髮沙龍店裡鏡面較多，交錯座位也能減少光源反射產生不佳效果。

Q11

超級市場內的生鮮區、蔬果區、冷飲區和一般商品區的照明設計會不會有所不同？各須考慮到哪些重點？

明亮且完整呈現產品色澤，是燈光照明重點。

超級市場是個購物場所，不需要太多空間氛圍，反而著重突顯食品特性。因為賣場內產品量多，種類也多，大多以光源充足明亮又能呈現完美演色性為主。針對不同區域的光源建議使用不同色溫及設計重點。

1 生鮮、蔬果區：此區域的商品大多是漸層式擺放，每一層都需要光源，利用隱藏光源可逐層打光，且彼此不受影響。建議使用 5700 K 色溫，尤其是特別加重紅、綠色澤的特殊日光燈，像是三波長日光燈。這種日光燈的螢光粉因為配方不同，可以增添生鮮蔬果的色澤，看起來更可口誘人。

2 冷飲、一般產品區：這兩區的光源不需要像生鮮蔬果區為了突顯產品而強調明亮度，冷飲和一般產品區建議使用 4000 K 色溫，看起來舒服適中，又具有一定照度即可。

生鮮蔬果為了強調本身鮮麗色澤，建議使用色溫較高的燈光，突顯產品特色。圖片提供 _ 直學設計

Q12 如果想在空間中打造一面從內部發光的牆，燈光有哪幾種配置方式？

直下光或側光是普遍選擇方式，各有千秋。

商空很常使用發光牆面營造空間氛圍，兼具照明和美感。光源配置上，則以直下光和側光為主，過去多選用日光燈管，現在改以LED燈串為主，裝修時依據燈管體積，要做好遮板，才不會曝光。

1直下光：在正面板下設燈管，均勻度較好，但要留意燈管和面板的距離，避免暗帶與不均，至少需要保持15公分以上的距離，太遠也不行，會降低效果。

2側光：從四周側邊打光，光影出現漸層，營造視覺層次。因為是埋藏在四邊，需要掌握好燈管體積，依循現場空間條件，規劃發光牆面的大小，測量好燈管間的距離同時無縫銜接，能讓光源更有層次感。

Light Box 三波長日光燈管

所謂三波長域日光燈管，指的就是以丙烯三基色螢光粉取代鹵素螢光粉塗佈於燈管表面的日光燈管，具有演色性高、發光效率較佳、燈管不易黑化與使用壽命較長等特性。

利用直下照明方式，結合透光石材，營造溫暖有質感的空間氣息。圖片提供＿光拓彩通照明顧問公司

利用側光照明，打照有光源的牆面，突顯空間特性。圖片提供＿光拓彩通照明顧問公司

直下光內部配置圖

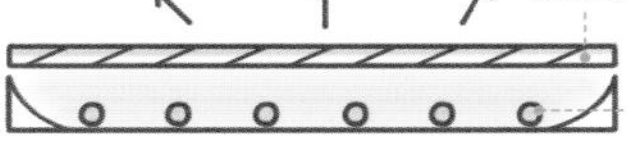

側光內部配置圖

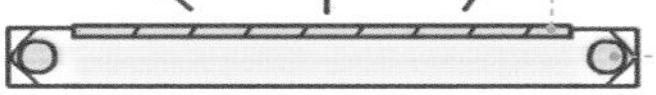

Q13 如果想在空間中打造一面會發光的牆，牆面的材質有哪幾種選擇？呈現出來的效果會如何？

只要可透光，都是可用材質。

常使用的透光材質，有壓克力、玻璃、薄石材、夾膜玻璃。孫啟能設計師說明除了這些常用材質，也很推薦木材或竹薄片。

1壓克力：一般不太推薦，除非預算有限，不然使用壓克力打出來的光源較不優美，一般都當作擴散材料，比如在不起眼的地方，當遮蔽光源的建材。

2玻璃、夾膜玻璃：玻璃的清透性能讓光源顯得更具穿透力，夾膜玻璃因為本身內部夾有其他素材，能演繹的光源效果更多變。

3薄石材：大多是以石粉製成再切割成薄片，運用在發光牆面，具有光源穿透性且石材質感溫潤。

4木材：一般較少用，但利用薄木材來當發光壁面材質，照映出來的溫暖很美好，只是目前還不普遍，單價也較高。

Q14 商品陳列架的照明如何進行設計？又如果是具有反光效果的陳列架（例如玻璃），是否有其他應注意事項？

強調重點照明，留意反射光源。

陳列架是商家的重點區域，透過陳列架吸引顧客眼光。通常商品陳列架的照度會高於顧客走動區域，也就是走動區域的光源應該較柔和暗些，而陳列架的光源應該較明亮，突顯重點。

1演色性不能差：孫啟能設計師強調「見光不見燈是設計重點」，設計時首先要減少不必要的反射，不產生雜光分散商品的呈現，可使用軌道燈具，利用側光投射商品。演色性建議90以上，結合適當的色溫，最均勻柔和的光色溫度，又能展現產品強度。

不同色溫的LED燈管在乳白色壓克力燈箱中所表現出的不同效果。圖片提供＿光拓彩通照明顧問公司

2 光源嵌進陳列架，可減少反光：如果是具有反光效果的陳列架，尤其是玻璃材質，建議將光源埋進陳列架中，在背部佈燈管，從背後打光，投射在玻璃上，等同讓玻璃自己發光，利用二次折射原理，減少反射。

此案例為雙橡園的V1瑪瑙廳，在空間中大量運用各式材質，像是玉石、大理石、金屬貼面，並藉由重點照明與折射營造出低調奢華的氛圍。圖片提供 _ 光拓彩通照明顧問公司、雙橡園開發

此建案為宏璟日月光，結合自然光線的演色性加上重點照明，展現空間層次與質感。圖片提供 _ 光拓彩通照明顧問公司、大形室內設計

此建案為宏璟日月光，在走道陳列藝術品，以造型吊燈結合投射光強調重點照明，突顯藝術品的質感。圖片提供 _ 光拓彩通照明顧問公司、大形室內設計

Chapter 3

實用與美感兼具的 165 個照明空間

Space 1 玄關
Space 2 客廳
Space 3 餐廳與廚房
Space 4 走廊與樓梯
Space 5 書房
Space 6 臥房
Space 7 衛浴
Space 8 其他
Space 9 商業空間

Space 1
玄關

照明器具／LED 嵌燈
燈具材質／詳洽設計師
燈具價格／詳洽設計師

001 **回歸初心，打造配件與日常的舞台**

玄關選擇簡約的嵌燈，成為空間舞台中不可或缺的綠葉，在天花突顯其摺線造型，將多彩藝術畫作襯托得更為醒目，讓擺設自然成為視覺焦點，擺設的光影落在牆面上時，則豐富了空間的表情層次。回歸燈光最原始的功能，由屋主的品味與日常，形塑不同的居家風格。

圖片提供 © 耀昀創意設計

照明器具／嵌燈 _AR70 鹵素燈泡（50W ／ 2700K）
燈具材質／玻璃、金屬烤漆
燈具價格／約 NT.1,800 元（1 組 2 個）

照明器具／嵌燈 _T5 燈管（28W ／ 3000K）
燈具材質／玻璃
燈具價格／約 NT.700 元

002

人造石屏風裡的別緻照明

當玄關有人進門時，感應式嵌燈便會自動亮起，像是歡迎的儀式，鞋櫃上面的兩尊玻璃雕像，在光線投射下成為目光焦點；還有玄關屏風以人造石為材質，設計師特意將其中幾處切薄，嵌入燈管，讓燈光透露出潔淨溫潤的效果。

圖片提供 © 演拓空間室內設計

照明器具／硬燈條
燈具材質／ LED
燈具價格／詳洽設計師

003

輕裝鋪陳，未來感清新宅邸

少了造型燈具裝飾，除了放大空間的視覺感受，LED 光帶還為空間妝點了未來科技感，俐落的線條與現代風格相襯，注入年輕都會的活力；從玄關步入客廳的天花光帶，彷彿是一種歡迎儀式，回到家打開燈、進入光帶區，掃除外在疲憊，回到最舒適的家。

圖片提供 ©FUGE 馥閣設計

004

藍光營造玄關神祕的氛圍

在進門的玄關處營造了安靜沉澱心靈的氛圍，讓從外面喧鬧的世界進入另一個空間的場域轉化，落地鏡、穿鞋椅，還有特別在地上擺放一瓶植物，搭配這樣的空間，所以選用了不同於一般白色光線的藍光，添加神祕又時尚的設計感。

圖片提供 © 雲墨空間設計

照明器具／地燈 _LED×18（2700 ～ 6500K）
燈具材質／發光二極體
燈具價格／約 NT.1,500 元

照明器具／嵌燈 _LED（13W ／ 3000K）
燈具材質（含燈罩）／鋁製品
燈具價格／約 NT.7,000 ～ 10,000 元／組

005

嵌燈點綴貴氣時尚的玄關

入門玄關處以寬敞的空間感歡迎訪客的到來，上方以嵌燈投射光影映照金屬門框與石材，交錯的光影為空間營造時尚貴氣的氛圍感受。

圖片提供 © 大雄設計

照明器具／嵌燈 _LED 條燈（750 公分／ 5000K）
燈具材質／發光二極體
燈具價格／約 NT.10 元（每公分，連工帶料）

006

LED 條燈框出水晶 LOGO 畫作

設計師用施華洛世奇水晶鑲出別緻 LOGO，再貼入玄關的灰色鏡面牆上，並於不鏽鋼收邊處嵌上特殊的 LED 條燈，條燈將灰鏡牆面框住，宛如一幅美麗的畫作。

圖片提供 © 界陽 & 大司室內設計

照明器具／嵌燈＿麗晶燈泡 ×3（60W ／ 4000K）
燈具材質／玻璃
燈具價格／約 NT.450 元

照明器具／嵌燈＿LED×2（5W ／ 3000K）
燈具材質／發光二極體、鋁
燈具價格／約 NT.550 元

照明器具／壁燈＿E27 燈泡 ×2（60W ／ 3000K）
燈具材質／玻璃、金屬
燈具價格／約 NT.2,500 元

007

三種照明手法豐富玄關層次

玄關做為進門與客廳、臥室的中界場域，除了供人行走往來的主要照明，設計師也運用 LED 嵌燈，使得牆面上大大小小的照片有了更生動的光彩；同時不忘裝一盞壁燈，除了柔和的光線為空間增色外，也可成為晚歸的人進門的照明。

圖片提供 © 品楨空間設計

008

再現法式鄉村風格的玄關風景

以法式鄉村風格為主的玄關設計，搶眼的造型燈具式最好的裝飾，輔以天花板的嵌燈，展示牆上的豆燈，讓整個玄關處處有風景，充滿無限驚喜。

圖片提供 © 汎得設計

照明器具／壁燈 _LED 燈（10W ／ 3000K）
燈具材質／玻璃
燈具價格／約 NT.400 元

009

玻璃燈罩營造前衛玄關

設計師大膽採用極為強烈風格的玄關處理，入口地板以抿石子為材質，上面嵌上玻璃地燈，人要踩上地燈，再踏上黑鐵噴環氧樹脂（EPOXY）的地面，營造進入室內的情境。在此準備了一個穿鞋椅，下方放置了芬蘭的 Harri Koskinen 冰塊燈，與地燈相互呼應。

圖片提供 © 雲墨空間設計

照明器具／地燈 _ 豆燈（9W ／ 2700K）
燈具材質／玻璃
燈具價格／約 NT.5,000 元

照明器具／地燈 _MR16（50W ／ 2700K）
燈具材質／玻璃
燈具價格／約 NT.1,500 元

010

營造內外玄關的層次感

為營造內外玄關的層次與穿透感，將間接照明燈管配置於貫穿內外玄關的版岩吊櫃下，天花上的嵌燈則可補足內玄關廊道的亮度。內外玄關採用玻璃加鐵件作為隔間，經由光線使室內空間整合成一個流動且開放的生活場景，使光線融入空間中成為空間的主角。

圖片提供 © 禾築國際設計

照明器具／層板燈 _LED 燈管（14W ／ 3000K）
燈具材質／發光二極體
燈具價格／約 NT.2,020 元

照明器具／LED 燈條（4500K）
燈具材質／燈槽、玻璃板
燈具價格／一公尺約 NT2,000 元

o11

以燈光勾畫出生活風格重點

梯廳空間作為室外與室內的轉折緩衝區，燈光運用強調氛圍營造。地面選擇暗色石材，突顯與淺色立面對比，在清水模立面上下兩端以 LED 燈條畫出重點，暗示室內空間是以清水模打造的開放、簡潔空間，光暈烘托雲朵意象的穿鞋椅，與極簡風格的掛畫交織，形成別緻的端景。

圖片提供 © 壁川設計事務所

照明器具／嵌燈 _LED（5W ／ 3000K）
燈具材質／發光二極體、鋁
燈具價格／約 NT.650 元

o12

少量照明留下暗部，讓玄關更沉靜

屋主喜歡蒐集佛像，設計師在玄關處擺放一座佛像，僅以嵌燈做為簡單照明，因著佛像打造出沉靜的氛圍，讓忙碌一天的主人回到家，經由玄關轉換心情，放下外面世界的疲憊。

圖片提供 © 杰瑪室內設計

Space 2
客廳

o13

黃銅軌道燈串聯空間基調

以屋主從事精品訂製與擁有豐富旅行經驗為設計導向，加上對於質料、色彩與美感的敏銳度，空間色調採用醒目的藍綠色為配置，穿插銅金鐵件線條勾勒展示層架，廳區捨棄天花板設計，拉出水平軸線軌道燈提供主要照明，並運用黃銅漆噴製燈具，呼應鐵件色調，讓整體更為協調，角落檯燈則賦予氣氛與光影層次。

圖片提供 © 水相設計

照明器具：軌道燈（9W ／ 3000K）
燈具材質：噴漆
燈具價格：詳洽設計師

照明器具／吊燈 _ 鎢絲燈泡（40W ／ 2600K）
燈具材質／玻璃、塑料、鐵絲
燈具價格／約 NT.35,000 元

照明器具／立燈 _LED（5W ／ 3000K）
燈具材質／發光二極體、鐵
燈具價格／約 NT.35,000 元

o14

鋁編吊燈散發線條交錯的紋理

外型像飛碟的吊燈，立燈鋁線編織線條的燈罩，又有類似藤編燈的南洋休閒度假風格，讓人回到家能夠全然放鬆，而燈亮起時，光線散發出線條交錯的紋理，遍布在牆壁、天花板，有一種竹影搖晃，置身大自然空間的恬靜感。

圖片提供 © 甘納空間設計

照明器具／吸頂燈 _LED（10W ／ 3500K）
燈具材質／金屬烤漆
燈具價格／約 NT.2,000 元

o15

以日光燈管設計間接照明，光點超平均

由於家是讓人放鬆、休憩的地方，間接照明能營造出比較舒服的氛圍，不僅空間顯得開闊，天花板感覺更高，視覺更舒服。本客廳天花板兩側安裝日光燈管，採反射性的間接照明，光點比較平均，另加設四顆吸頂燈，閱讀時可作為重點光源使用。

圖片提供 © 非關設計

照明器具／LED 燈（5W ～ 8W ／ 2700K）
燈具材質／LED
燈具價格／詳洽設計師

o16

隱藏在天與地之間的燈光

為了讓天花板呈現乾淨俐落的樣貌，而將燈具與冷氣空調出風口做線性規劃，由玄關延伸至客廳形成阿拉伯數字的 6，別有趣味。樓梯與電梯處拉高地坪，與公領域做出區隔，並在地坪下方藏有燈光，當作夜間指引照明。

圖片提供 © 奇逸空間設計

照明器具／LED 燈（Billy Cotton 的 Pick up Chandelier 10 Stick）
燈具材質／黑質銅
燈具價格／約 NT504,000 元

o17

點綴風格，但適當和諧的生活美學

規劃設計不是單一牆面漂亮即可，還需要考慮環境中所有條件的相互關係。此案以黑白色系為主色的簡約搭配，不同於強烈對比色系突顯的設計手法，選用了黑色系裝飾型燈具，不開燈時內斂而和諧融入空間之中，開燈時亮眼的造型與柔和燈光點綴了風格空間，讓人為之驚豔。

圖片提供 © 景寓空間設計

照明器具／落地燈 _E27 螺旋燈（27W ／ 4500K）
燈具材質／玻璃、金屬烤漆
燈具價格／約 NT.20,000 元

o18

燈具配比良好讓寬敞空間每一處都明亮

在天花板上四個角落嵌上燈具，作為大器客廳的主要照明，搭配大片落地窗的自然光，讓整體偌大空間的每一處皆採光良好；落地大立燈加強茶几處照明，讓座位區的視覺聚焦，牽動在座的每一個人。

圖片提供 © 品楨空間設計

照明器具／落地燈 _E27 燈泡
燈具材質／ 金屬
燈具價格／約 NT. 51,480 元

o19

不只是燈！也是客廳的亮點

利用弧線造型的燈飾，大膽地擺在整個客廳空間的中央，光影映照著白色的牆面與天花板、溫潤木地板，以及搭配色彩鮮豔的傢具軟件，共同營造充滿活力的空間氛圍。

圖片提供 © 奇逸空間設計

照明器具／LED 燈（4000K 嵌燈、3000K 間接照明）
燈具材質／詳洽設計師
燈具價格／詳洽設計師

o2o

現代俐落的外表有溫柔的心

以灰與白為主色調的客餐廳空間，除了低調內斂的橘色餐桌椅之外，黃光也為空間鋪上淡淡的暖色調，從天花豐富層次中透出的光暈，柔和不刺眼又強調了線條之美，夜晚的間接照明是溫柔地陪伴，回到家中能好好享受安靜的時光、放鬆休息。

圖片提供 © 一它設計

o21

主燈營造夜晚浪漫氛圍

客廳日間的光線非常充足，不需要加裝其他燈光，因此天花板無裝設任何燈具，夜晚則以兩盞 Flos 燈為主要照明，兩盞主燈營造出的優雅、浪漫，讓整個空間充滿舒適的氛圍，或坐或臥都非常輕鬆。

圖片提供 © 森境＋王俊宏設計

o22

燈光一致延伸出空間的魔法

藉由間接照明燈光與投射燈的交錯運用，牽引著視線由客廳往餐廳延伸，讓客廳與餐廳兩個空間都能呈現一致性與連接感。同時，透過投射燈投映在展示櫃上，讓空間更有氣氛，更突顯主人的收藏。

圖片提供 © 大雄設計

照明器具／層板燈 _T5 燈管（28W ／ 6500K）
燈具材質／玻璃、五金烤漆
燈具價格／ 約 NT.3,100 元／組

o23

環帶狀主燈展現舞台般氣勢

為了展現空間敞朗開闊的氣度，設計師運用特殊訂製的木作結合燈光手法，巧妙揉合裝飾主燈與間接燈光兩者特質，透過環帶狀主燈拉開整體格局氣勢，再搭配嵌燈打亮局部牆面，讓空間裡的燈光不會像傳統全局缺乏變化的照明，而是呈現劇場舞台般的時尚氛圍。

圖片提供 © 演拓室內空間設計

o24

天使光環舒放室內空間

天花以圓形造型光帶取代燈飾，既不造成空間壓力又能成為亮點，沙發背牆上的直線光帶，切割了大面木牆的厚重感，並豐富了淺色調空間的層次；沙發側邊桌上配置的一盞小燈，細緻的金屬外型妝點精緻氣質，增添一抹暖意。

圖片提供 © 一它設計

照明器具／ LED 燈
燈具材質／詳洽設計師
燈具價格／詳洽設計師

o25

乘坐在光影上的自在生活

利用 Z 字型帶狀的層板燈營造出間接照明的效果，光線由下而上投射，串聯起窗檯前的小空間、客廳沙發到和室，延伸至廚房成為一體的和諧。

圖片提供 © 無有建築設計

照明器具／層板燈 _T5 燈管（8W ／ 4000K)
燈具材質／鋁支架
燈具價格／約 NT.3,000 元／組

照明器具／層板燈 _T5 燈管（20W ／ 2600-3000K）
燈具材質／鋁合金、金屬、壓克力
燈具價格／約 NT.650 元

o26

情境燈與小檯燈相互輝映，更添空間溫馨

客廳除了天花板內的主要照明外，並在櫃體下方嵌入情境燈，可以作為展示平檯使用，另外配合案件風格選擇櫃體上的小檯燈，預留檯燈孔位，避免讓線材外露。

圖片提供 ©TBDC 台北基礎設計中心

o27

不同照度改變空間表情

挑高開闊的大尺度公共領域，白天有著充沛明亮的採光，光線的游移成為家中最自然的風景，也因此客廳主要照明選擇配置金屬吊燈，大樑內再結合嵌燈光源，以及結構柱體上的簡約壁燈，藉由各種光源的照度與亮度，改變空間的表情與氣氛。

圖片提供 © 水相設計

照明器具／嵌燈 _LED（9W ／ 3000K）
燈具材質／發光二極體、鋁
燈具價格／詳洽設計師

o28

光帶豐富立面層次與變化

開闊大器公共廳區，電視主牆選擇以萊姆石做出分割拼貼的效果，與簡約俐落的檯面之間裝設 LED 燈，帶狀光線投射於立面突顯其紋理與質地，沙發背牆的灰色萊姆石，則是運用鏤空造型與光帶作為呈現，鏤空處往內凹的斜面設計也令光線更為柔和溫暖。

圖片提供 © 水相設計

o29

用燈光打造未來科技感

屋主希望家裡能夠營造與眾不同的前衛時尚，而設計師為了修飾樑柱，將天花板與電視牆打造成不規則形狀，再嵌入層板燈，連牆面下方也裝上層板燈，搭配黑、白為基調的傢具，配上金屬吊燈與展示櫃體的極細層板燈，呈現獨特冷冽風格。

圖片提供 © 界陽 & 大司室內設計

照明器具／層板燈 _T5 燈管 ×26（21W、28W ／ 4000K）
燈具材質／玻璃
燈具價格／約 NT.1,200 元（連工帶料）

照明器具／落地燈 _ 鎢絲燈泡 ×5（50W ／ 3000K）
燈具材質／玻璃、金屬烤漆
燈具價格／約 NT.12,800 元

照明器具／層板燈 _T5 燈管 ×5（21 或 28W ／ 4000K）
燈具材質／玻璃
燈具價格／約 NT.1,200 元（連工帶料）

030

垂直線條燈管演繹後現代主義

為了弱化靠陽台的大型柱體，設計師大膽用不規則狀的不鏽鋼做為電視牆面，更在對面沙發背後，鑲嵌垂直線條的燈管，當成對比的呼應，天花板 LED 是主要照明，照耀著以鐵件切割再安裝玻璃的大茶几，十足後現代主義。

圖片提供 © 界陽 & 大司室內設計

照明器具／層板燈 _T5（20W / 4000K）
燈具材質／鋁合金
燈具價格／約 NT. 650 元

031

適時調整燈光作為機能性照明

客廳空間會使用到投影設備，因此將照明分段，在使用投影設備時可以調整燈光，只用小部分微亮作為機能性照明，而不影響投影品質。

圖片提供 ©TBDC 台北基礎設計中心

照明器具／層板燈 _T5 燈管 ×11（28W ／ 4000K）
燈具材質／玻璃
燈具價格／約 NT.350 元

照明器具／壁燈 _E27 反射燈泡（45W ／ 2700K）
燈具材質／玻璃、壓克力
燈具價格／約 NT.2,000 元

032

壓克力燈營造出的夢幻華麗

在天花板與牆面之間，以層板燈作為間接照明，減輕了牆面的厚重感。並巧妙地運用反射燈泡，讓燈光往壓克力燈身照射，讓燈的邊框花飾照映到牆面，不僅成為壁燈，更投射出夢幻又華麗的圖案。

圖片提供 © 杰瑪室內設計

o33

運用主燈區隔不同空間用途

一樓客廳窗外有個小庭院，三盞大小不一的吊燈不僅室內看得到，室外也能欣賞到這麼特殊的設計。客廳旁是女主人的書桌與書房，與客廳無明顯區隔，開放式空間保留寬闊感，並用造型特殊的吊燈區分出不同的空間功能。

圖片提供 © 森境＋王俊宏設計

o34

科技與前衛交映的燈光魔法

屋頂與牆邊的間接照明以及嵌燈，交互投射在灰色基調的客廳空間中，整體室內的空間感彷彿不斷被放大，與其他空間融合成一片，相互交映，充滿現代科技氛圍，前衛而大膽。

圖片提供 © 大雄設計

照明器具／嵌燈 _LED（9W ／ 3000K）
燈具材質／鐵框、鋁具
燈具價格／約 NT.10,000 元

035

上百顆 LED 組成花火燈牢牢吸住目光

吊燈懸掛於餐桌上，做為餐廳的界定，客廳則採間接照明，嵌燈裝設於黑色天花板及櫃體下面，讓客廳成為可放鬆、休息的地方。餐桌主燈「花火」（firework）上百顆 LED，由薄的不鏽鋼片串在一起組合而成，造型有如在天空爆炸的火花，非常吸人目光。

圖片提供 © 非關設計

照明器具／吊燈 _LED（單顆 1W ／ 3500K）
燈具材質／玻璃、不鏽鋼片
燈具價格／約 NT. 30,000 ～ 50,000 元

036

善用光源延伸室內空間

電視牆面積較小，旁邊緊鄰著樓梯，在樓梯間的天花板架設燈，不僅有路燈的作用，又能與電視牆串連互搭，使整個空間有延伸的作用，同時這些照明也可適時的成為觀賞電視的光源。

圖片提供 © 明代室內裝修設計

照明器具／層板燈 _T5 燈管（28W ／ 3500K）
燈具材質／玻璃
燈具價格／約 NT.650 元

照明器具／層板燈 _T5 燈管（20W ／ 2600-3000K）
燈具材質／玻璃
燈具價格／詳洽設計師

037

帶狀光暈襯托純淨立面

遵循自由平面與流動空間的獨棟住宅設計，以簡單的立面與精緻的材質為主軸，建構出形體的簡潔與純粹，樓板開口特意的露樑，成為最有力道的線條，因應空間深度不足的緣由，將多數隱藏在天花的照明改為規劃於地面，往上投射主要是襯托萊姆石的含蓄與質感，並成為夜間的特殊光影氛圍。

圖片提供 © 水相設計

照明器具／落地燈 _E27 燈泡 ×7（60W ／ 3000K）
燈具材質／一般玻璃、金屬、布
燈具價格／約 NT.40,000 元

照明器具／嵌燈 _ 方型 LED×6（18W ／ 3000K）
燈具材質／發光二極體、鋁
燈具價格／約 NT.1,100 元

照明器具／嵌燈 _ 圓型 LED×3（5W ／ 3000K）
燈具材質／發光二極體、鋁
燈具價格／約 NT.550 元

038

可調整位置的名家燈具，突顯客廳大器風格

除了天花板必要的嵌燈照明，整個客廳的視覺焦點便在於一座大型落地立燈，此為名家設計的燈具，共有小、中、大三個燈罩，可以分別調整高度、角度，無論坐在立燈左邊或是右邊，姿勢如何，都能將燈光打在最理想的位置。

圖片提供 © 品楨空間設計

照明器具／ LED 燈條 （可調亮度）
燈具材質／詳洽設計師
燈具價格／詳洽設計師

039

用光影說關於家的故事

將光束當成畫作線條，畫在淺灰色的大理石沙發背牆上，直線光束呈現俐落的現代風格，幾何圖形則增添了活潑的趣味，選用的 LED 燈是可調式的，有 80W、60W 等不同選擇，依照每日家人的心情做變化，搭配客廳中的主光源、柔和的間接光，不同層次的燈光打造溫馨明朗的空間。

圖片提供 © 大漾帝設計

040

外凸無框盒嵌，保留天花板高度

此案為老屋翻新，由於地面距離天花板的高度較低，大約只有 260 公分，而決定使用外凸無框盒嵌的方式來設計照明，以木作的盒子包覆嵌燈，同時保留天花板的高度。另外，電視牆上方運用 LED 燈條來做間接光源，圖片左半部的藝術品展示櫃同樣也是在櫃體內層板藏有 LED 燈條，烘托出工藝品的質感。

圖片提供 © 奇逸空間設計

照明器具／嵌燈 _LED×9（5W ／ 3000K）
燈具材質／發光二極體、鋁
燈具價格／約 NT.650 元

餐廳與廚房

照明器具／嵌燈 _LED（9W ／ 3000K）
燈具材質／發光二極體、鋁
燈具價格／詳洽設計師

041

櫥櫃下加裝燈具，料理更方便

廚房照明最重要的還是以功能性為主，開放式中島廚房在中島上方配置嵌燈加強照明之外，工作區動線上方也同樣規劃嵌燈，提供廚房區域基本的光線，同時在爐台區、備餐區的櫥櫃下加裝燈具，如此一來才能擁有足夠的亮度方便料理。

圖片提供 © 水相設計

照明器具／層板燈 _T5 燈管（20W ／ 3000K）
燈具材質／鋁合金、鐵
燈具價格／ 約 NT.650 元

照明器具／嵌燈 _LED（9W ／ 3000K）
燈具材質／鋁合金、鐵
燈具價格／約 NT.650 元

042

櫃體下方多嵌燈，處處皆可進行料理工作

為爭取較多工作空間，因此將大多數的照明設備嵌入櫃體下方，增加該空間照度，餐桌和中島的部分則使用聚光效果較強的照明設備，打亮每一個平面。

圖片提供 ©TBDC 台北基礎設計中心

照明器具／吊燈 _T5 環型燈管（W40 ／ 3000K）
燈具材質／玻璃、塑料
燈具價格／約 NT.42,000 元

043

義大利知名品牌吊燈襯托用餐空間質感

一樓有大型落地窗的空間裡採光極佳，餐桌上的視覺焦點是一盞飛碟外型的吊燈，選用義大利知名品牌 Kartell，它是用專門的塑膠製作技術造出吸引的傢具，給予用餐空間溫暖且足夠的光源。

圖片提供 © 甘納空間設計

044

餐桌上的主燈提升食物的美味

在餐廚區中，主要的視覺焦點應放在用膳區，因為主要照明會讓食物增加可口感。餐桌上的主燈 seeddesign，近 3000K 的色溫，增加菜的色彩飽和度，而餐廚區的其他空間皆採輔助照明，烹調區吊櫃下的燈光，已足夠做菜時的照明。

圖片提供 © 明代室內裝修設計

主燈照明器具／吊燈 _ 豆燈（60W ／ 3500K）
燈具材質／金屬、燈泡
燈具價格／約 NT.10,000 元

照明器具／吊燈 _E27 燈泡（23W ／ 2700K）
燈具材質／ 金屬、玻璃
燈具價格／ 約 NT.2,200 元（組）

045

透明球燈營造餐桌上的溫度

餐桌上使用吊燈，讓溫暖的氣氛由餐桌上散發，並利用天花板的圓形挑高營造自然的間接光源，再以透明的球燈創造出餐桌上的視覺焦點。

圖片提供 © 禾光室內裝修設計

照明器具／嵌燈 _LED×2（5W ／ 3000K）
燈具材質／發光二極體、鋁
燈具價格／約 NT.650 元

照明器具／層板燈 _T5 燈管 ×5（28W ／ 4000K）
燈具材質／玻璃
燈具價格／約 NT.350 元

046

隱藏式照明使潔白餐廚空間具有整體性

純白簡潔的廚房中，無需過多繁複燈飾，設計師以最單純的層板燈、嵌燈做安排，保留純白原色。層板燈作為一進廚房時的首先照明，開冰箱等短暫停留時只開層板燈即可；若是較長時間的料理烹煮，則再開啟流理檯上方的嵌燈。

圖片提供 © 水相設計

照明器具／吊燈 _E27 燈泡 ×2（27W ／ 4500K）
燈具材質／玻璃、金屬
燈具價格／約 NT.15,000 元

照明器具／嵌燈 _LED×2（5W ／ 3000K）
燈具材質／發光二極體、鋁
燈具價格／約 NT.550 元

047

用兩盞吊燈搭配長形餐桌，打造原木質感

在原木裝潢餐廳以兩盞吊燈集中光源，照射白色餐桌上的各項用品，燈罩的顏色與餐桌、餐椅搭配成鄉村自然風格；而廊道是通往家中其他空間的過場，上方則配置嵌燈，作為行走用的照明燈具。

圖片提供 © 品楨空間設計

照明器具／吊燈 _LED 燈泡（23W ／ 2700K）
燈具材質／ 金屬、玻璃
燈具價格／ 約 NT. 17,300 元（組）

048

層層光暈散開塑造自然且舒適的用餐環境

空間的氛圍影響著用餐的食慾，使用暖色系的黃光可營造空間的溫度。丹麥品牌 LightYears，以金屬壓鑄成弧形四層的堆疊，讓燈光以層層光暈散開，自然且舒適。

圖片提供 © 禾光室內裝修設計

照明器具／吊燈 _E27 螢光燈（60W ／ 4500K）
燈具材質／口吹玻璃
燈具價格／約 NT.15,000~20,000 元

照明器具／嵌燈 _ 方型 LED×2（18W ／ 3000K）
燈具材質／發光二極體、鋁
燈具價格／約 NT.1,100 元

049

紅色玻璃燈罩的熱鬧華麗餐廳

非常注重氣氛的餐廳燈光，其燈具不只是作為照明之用，在未亮時也能有裝飾空間的效果，所以設計師特地挑選了一個用口吹玻璃的紅色吊燈，既有熱鬧華美的氛圍，也有如同古早燈籠的造型。

圖片提供 © 品楨空間設計

照明器具／ MR16 嵌燈 _LED（9W ／ 3000K）
燈具材質／鋁
燈具價格／約 NT. 600 元（每組）

050

巧用重點式聚光燈，餐桌工作桌兩用

L 型餐桌兼具工作桌的功能，因此照明設備便跟著桌子延伸使用訂製鐵件燈架，嵌入 LED 燈具，採用重點式聚光燈照明，既具備情境燈的功能也兼具機能性。

圖片提供 ©TBDC 台北基礎設計中心

照明器具／吊燈＿鎢絲燈泡 ×5（50W ／ 3000K）
燈具材質／玻璃、金屬烤漆
燈具價格／約 NT.8,000 元（1 組 5 個，連工帶料）

照明器具／嵌燈＿LED×2（9W ／ 3000K）
燈具材質／發光二極體、鋁
燈具價格／約 NT.1,200 元（連工帶料）

051

一組五件式吊燈，搭配超長吧檯餐桌延伸空間感

在開放式廚房人造石吧檯與實木餐桌拼接的用餐空間，設計師特地挑選了這盞五個吊燈所組合的照明設備，以符合吧檯加餐桌的超長長度，使光線能均勻照到每一處，造型的不一致也增添設計感。而洗石子的牆面，也有 LED 燈來照亮。

圖片提供 © 界陽 & 大司室內設計

照明器具／層板燈＿T5 燈管（8W ／ 10000K)
燈具材質／玻璃、鐵件
燈具價格／約 NT. 3,000 元（組）

052

以燈光營造天井日然光氛圍

在沒有自然光線投射的餐廳位置，以特製的採光罩造型燈具大面積鋪設，內含層板燈，營造出彷彿大片光透過天井投射進入屋內的氛圍感受，為低調具現代感的空間設計中，增添生活氛圍。

圖片提供 © 大雄設計

照明器具／層板燈 _T5 燈管 ×17（28W ／ 4000K）
燈具材質／玻璃
燈具價格／約 NT.350 元

o53

大面積流明天花，保持開放空間的穿透性

開放式空間中，廚房和餐廳連成一體，並未有明顯區隔，所以設計師在考量照明時，將兩區一併構想，捨棄傳統餐桌上方吊燈，改以大面積流明天花板嵌長燈管為主要照明，可同時照亮廚房及餐廳，並維持整體空間的穿透性。

圖片提供 © 杰瑪室內設計

054

在餐桌分享美好光景

餐桌是很多家庭中情感交流的中心，雖然本案天花板偏低，但要完整美式風格，吊燈是重要物件，選用放射線帶線條又帶古典細緻的大吊燈，讓視覺聚焦於餐桌區，又不顯得沉重壓迫；除此之外，軌道燈的安排，可作為局部氛圍營造或調和空間中的光線，讓居家有更多浪漫的變化。

圖片提供 © 大漾帝設計

照明器具／吊燈 _ 豆燈 （25W ／ 3500K）
燈具材質／玻璃
燈具價格／約 NT.3,850 元

照明器具／層板燈　T5 燈管（14W ／ 3000K）
燈具材質／玻璃
燈具價格／約 NT.1280 元（2 個一組）

055

七彩水滴燈泡營造吧檯浪漫氛圍

餐桌與吧檯做結合，櫃體下方裝設燈光，陳列藝術品，讓餐桌有著視覺延伸的效果。餐桌或吧檯視覺上的運用與燈光的變化息息相關，桌子上方可裝水的水滴燈泡，隨時能變化出七彩色澤，極富 lounge bar 的浪漫氛圍。

圖片提供 © 明代室內裝修設計

056

原木材質主燈營造用餐溫暖氣氛

客餐廳的空間設計以自然森林風為主，保留大面窗自然光及使用間接光為輔助。餐桌上以原木材質的西班牙品牌LZF「LINK 吊燈」為餐廳空間主燈，溫暖的氣氛自餐桌上散發，吊燈多層次的曲線造型與空間中不同顏色堆疊而成的牆壁相互輝映。

圖片提供 © 禾光室內裝修設計

照明器具／吊燈 _LED 燈泡（23W ／ 2700K）
燈具材質／原木
燈具價格／約 NT. 25,800 元（組）

照明規格／詳洽設計師
燈具材質／不鏽鋼毛絲面
燈具價格／約 NT.98,000 元

o57

運用燈光創造居家圓融意象

打破傳統格局方正的想像，本案採取大量圓弧設計，在燈光方面更特別運用天花板層次鑲嵌燈光，搭配直徑 220 公分特殊訂製的毛絲面不鏽鋼燈具以及水晶燈飾，層層遮進，最終讓視覺聚焦於家人團圓用餐的餐桌，充分展現出情感凝聚的居家核心。

圖片提供 © 演拓空間室內設計

照明器具／吊燈 _ 螺旋燈泡 ×2（23W ／ 3000K）
燈具材質／玻璃、金屬烤漆
燈具價格／約 NT.30,000 元

o58

Rock 吊燈營造前衛餐廚風格

屋主希望空間散發前衛時尚的風格，所以設計師採用 Rock 吊燈，是義大利時尚單寧品牌 Diesel 與義大利燈具大廠 FOSCARINI 合作的燈具系列，不對稱的立體表面宛如寶石切割面有著隨性的邏輯美感，加入龐克搖滾的金屬元素，創新大膽的表現 Diesel 粗獷洗鍊的經典風格。

圖片提供 © 甘納空間設計

059

突顯食物風味的餐桌主燈

用餐是讓人放鬆的時刻，空間採間接照明會減少壓迫感。另外，屋主收藏許多珍貴的藝術品，希望有好的展示陳列，因此在陳列櫃的層板加燈輔助，呈現展示效果。餐桌的兩盞主燈則由手工製成，光的落點在餐桌上，使菜看起來更加美味，空間也增添了層次感。

圖片提供 © 森境＋王俊宏設計

照明器具／復古工業風吊燈（2W ／ 3500K）
燈具材質／鑄鐵、烤漆
燈具價格／電洽

060

為冷冽黑色調廚具空間增添暖意

此空間設計運用大量冷暖材質交錯演繹時尚與Loft氛圍。廚房以文化石磚牆面延續木牆的溫潤質感，軟化金屬、黑色廚具的冷冽線條，搭配散發微黃光線的復古工業風吊燈，極簡設計的餐廚空間深具現代感，又不失溫暖。

圖片提供 © 汎得設計

061

燈光設計層次分明的餐廚空間

在這全家人共同相聚、共享美食的空間，餐桌的上方規劃以造型燈具作為空間的視覺亮點，後方吧檯的上方以間接照明處理，吧檯的下方則是鑲嵌崁燈，讓燈光烘托廚房與吧檯空間，更具溫馨感受。

圖片提供 © 汎得設計

照明器具／崁燈 _LED（5W ／ 3000K）
燈具材質／鋁架
燈具價格／約 NT.9,600 元（組）

照明器具／ LED 燈
燈具材質／金屬
燈具價格／詳洽設計師

062

驚豔亮點就在進入家門之後

一進家門，就能看見位於中島與餐桌上，聚光燈造型排列的長型吊燈，金屬質感呼應整體的冷調時尚，3000K 的黃光則是空間中唯一的暖色，此外，燈光的亮度還可自行調整，營造不同氛圍，當只有這盞燈亮起時，燈光建構了屋主最愛的酌飲角落。

圖片提供 © 尤噠唯建築師事務所

走廊與樓梯

照明器具／軌道燈 _LED（9W ／ 3000K）
燈具材質／詳洽設計師
燈具價格／詳洽設計師

063

靈活運用軌道燈突顯收藏手稿

獨棟住宅的主人為跑車收藏家，也收集了許多跑車設計的手繪稿，利用由地下室車庫往上的樓梯間壁面懸掛手稿，天花上方配置軌道燈將光線投射在每一排手稿，讓手稿作品有如藝術品般成為空間的焦點，加上軌道的運用，未來也能彈性調整燈光的配置與數量。圖片提供 © 水相設計

064

狹長樓梯動線適合懸吊燈飾

樓梯動線應有好的照明，行走比較安全，圖中的樓梯偏狹長型，天花板較高，適合用懸吊式的燈搭配，極具豐富感，加上為延伸整個空間的開闊性，樓梯旁的二間房間以玻璃當作牆面，空間通透，除了去除狹隘感，也讓這組主燈更加明亮。

圖片提供 © 森境＋王俊宏設計

照明器具／嵌燈 _LED（9W ／ 3000K）
燈具材質／發光二極體、鋁、玻璃
燈具價格／詳洽設計師

065

運用光源區隔實際用途

將住宅回歸到最低限度的設計，廊道立面運用純淨白色做出斜面層疊的效果，底部裝設 LED 嵌燈，扮演夜晚時分動線引導與氣氛營造的作用，右側底端的收納櫃體為客浴的視覺端景，線條刻意脱縫處理，加上間接照明的運用，烘托櫃體內的藝術品，也讓空間氛圍更為多元。圖片提供 © 水相設計

066

投射藝術與收藏的光之長廊

透過轉化為藝廊的長廊，此一區域刻意規劃設計了具有展示功能的裝置與吧檯的紅酒櫃，透過燈光投射，讓各樣物品得以展示與擺放，當屋主遊走在其中，能透過燈光的投射欣賞自己的蒐藏品，讓身心都能獲得充分的放鬆。

圖片提供 © 奇逸空間設計

照明器具／吊燈 _LED（33W ／ 2800K）
燈具材質／實心銅
燈具價格／約 NT.21,300 元

照明器具／層板燈 _T5 燈管（20W ／ 2600-3000K）
燈具材質／發光二極體、鋁
燈具價格／詳洽設計師

067

雙排燈管營造車道趣味效果

屋主擁有收集跑車的興趣，獨棟住宅的地下車庫除了停車也是保養愛車的空間，兩側立面以清水模塗料刷飾，底端則是搭配銀色塑鋁板，充分營造出簡約時尚質感，並擷取雙白線車道為靈感，以 T5 燈管做出排列，包括左右的嵌燈，都特別挑選偏白光的光源，以便屋主打蠟保養更為明亮。圖片提供 © 水相設計

069

間接照明柔化線條，直接照明集中光源

沿著走廊上方裝設間接照明，一方面當作行走時的照明工具，另一方面也有柔和天花板線條的作用；壁燈則是轉化場域，由走廊進入更衣室的門燈，更可弱化樑柱。衛浴間獨立出來的洗手檯，則架設軌道燈來作為集中照明的運用。

圖片提供 © 甘納空間設計

照明器具／軌道燈 _LED（5W ／ 3000K）
燈具材質／發光二極體、金屬
燈具價格／約 NT.3,500 元（組）

照明器具／壁燈 _ 螺旋燈泡（15W ／ 2700K）
燈具材質／玻璃、鐵
燈具價格／約 NT.1,500 元

照明器具／間接照明 _LED 帶燈（50W ／ 5 公尺 ／ 3000K）
燈具材質／玻璃
燈具價格／約 NT.800 元（每公尺）

068

暗藏光帶，打造出走廊空間

在櫃體上方與下方，打造出「光」帶，製造出走廊展示牆面焦點，輕化櫃體與牆面的重量感，放大走廊的空間，同時也可於夜間作為動線的導引。

圖片提供 © 禾光室內裝修設計

照明器具／嵌燈 _LED（9W ／ 3000K）、
層板燈 _T5 燈管（20W ／ 2600-3000K）
燈具材質／發光二極體、鋁
燈具價格／約 NT.1,000 元、約 NT.350 元

070

科技藍光散發舞台效果

熱愛跑車的屋主，也喜愛收藏各式零件與周邊商品，利用地下室車庫通往樓上空間的梯間下方，以架高平檯的概念陳列特殊引擎零件，平檯周邊裝設藍色 LED 燈光，形塑出如舞台般的效果，右側層架上則是各式跑車模型，由天花具有藍光濾鏡的燈具作為投射，兩者光源呈現出科技感。圖片提供 © 水相設計

照明器具／投射燈 _LED（5W ／ 3500K）
燈具材質／鋁製
燈具價格／約 NT.1,500 元

照明器具／投射燈 _ 鹵素燈（20W ／ 2900K）
燈具材質／鋁製品
燈具價格／約 NT.499 元

071

樓梯壁燈向壁面投射的光影遊戲

樓梯的燈雖是以照明為主，然而一改由壁面投射洗牆的設計方式，改由鐵件扶手下方處投射至另一端牆面，形成在樓梯梯面形成一條直射光線，在行走中，形成光追逐腳踝的光影遊戲。

圖片提供 © 尤噠唯建築師事務所

072

鹵素燈照明盡顯牆面特殊色

樓梯視覺主題在牆壁，從一樓往上看，牆面是特殊色的觀景牆，從二樓往下看，它也是一個視覺焦點，此處選擇鹵素燈照明，適當的光線與色溫讓牆面非常顯色，不會像 LED 燈一樣，會有重重疊疊的影子。

圖片提供 © 隱巷設計

照明器具／投射燈 _LED（5W ／ 3000K）
燈具材質／發光體、鋁
燈具價格／約 NT.550 元

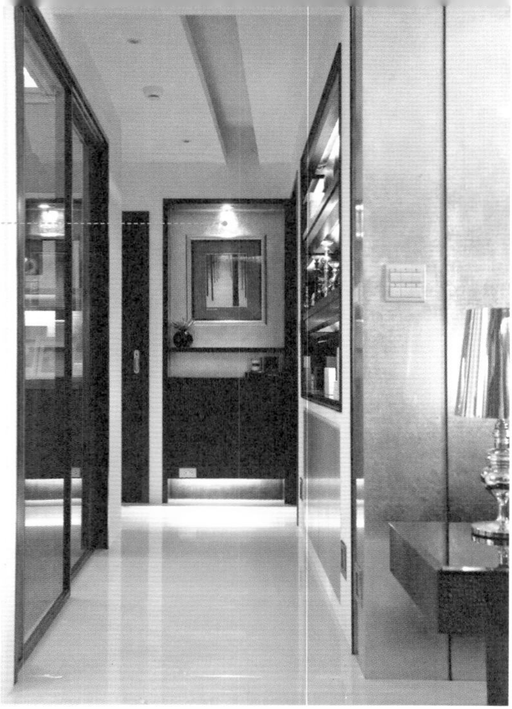

073

宛如藝廊般投射出藝品的豐富層次

雖然走廊僅是客廳公共區域與臥室私領域的過場空間，但設計師不希望它過於單調、平淡，在右邊設立展示櫃擺放屋主收藏，並在端景處懸掛畫作，且運用投射燈及層板燈豐富物品的層次，讓每次穿越走道都是愉悅的經驗。

圖片提供 © 品楨空間設計

074

由下而上洗牆光影，同時也是動線指引燈

空間不做天花板，所以改變投射洗牆燈的架設方式，改與木地板結合，由下往上打燈，並在走廊底端形成如燭光般的光影變化。同時，也是走道的動線指引燈具，讓居住於此的人行經走廊時的靜動之間，產生光的變化，饒富趣味。

圖片提供 © 尤噠唯建築師事務所

照明器具／投射燈 _LED（5W ／ 3500K）
燈具材質／金屬、玻璃
燈具價格／約 NT.1,500 元

o75

燈光為狹長走廊畫龍點睛
空間中的方型壁燈一左一右、由上而下映照長廊兩端，中間以茶鏡為屏的穿透感設計，使牆後的書房成為長廊一隅的風景，讓整體空間不再狹長，燈光更為牆面帶來畫龍點睛的效果。
圖片提供 © 汎得設計

照明器具／壁燈 _LED（10W ／ 3000K）
燈具材質／玻璃
燈具價格／約 NT.400 元

o76

光是擁有各種可能的最佳裝飾
希望房子能留下更多的空間，減少物體的裝飾，而以光線當成主題也是一種選擇。軌道燈的線條從平面延伸到立面，打破制式的空間界定；在樓梯第一、二層嵌入 LED 燈，兼具造型變化與安全考量，牆面上沿著階梯坡度延展的光線則具有導引功能，光與空間線條的交錯，功能性的樓梯也能是雕塑品。
圖片提供 © 大也國際空間設計／藝術中心

077

用馬萊漆與燈光創作一幅藝術

純淨的白色基調配上溫潤的木頭傢具，形塑出寧靜的用餐氛圍，素雅的白牆上，特別使用大面積木板刷飾藍色馬萊漆，抓出適當的溝縫線條比例，內部漆上黃色並賦予間接照明，溝縫猶如發光線條般，讓此道立面裝飾好比藝術品，提升空間的質感，餐桌上方吊燈則是簡約俐落的名品燈具，彼此相得益彰。

圖片提供 © 水相設計

078

燈光穿透書房與客廳的界線

設計師特別透過視覺穿透的層板設計，讓客廳與書房空間能連成一片，書桌上方的燈具維持一貫北歐風格的設計感與簡約風情，將溫馨寧靜的燈光氛圍與閱讀感受輕鬆的傳達到客廳。

圖片提供 © 大雄設計

照明器具／吊燈 _LED（10W ／ 3000 ～ 6500K）
燈具材質／鋼材烤漆
燈具價格／約 NT.25,000 ～ 30,000 元（組）

照明器具／軌道燈 _LED 燈（10W ／ 3000K）
燈具材質／鐵、鋁、玻璃
燈具價格／約 NT.400 元

079

投射半隱蔽的書房空間

磚牆面為書房提供很好的獨立空間效果，又保持延伸穿透到客廳的視線感覺，透過嵌燈搭配軌道燈的光線設計，調節書房燈光明暗，當照明需求改變，可隨時裝拆軌道燈，輕鬆變化光的魔法。

圖片提供 © 汎得設計

照明器具／嵌燈 _T5 燈管 ×3（21W ／ 4000K）
燈具材質／玻璃
燈具價格／約 NT.400 元

080

將檯燈移入書櫃底部加強照明

在自然光採光極佳的書房，無需太多燈具來輔助照明，只要著重閱讀時的燈光不致過弱，設計師為兩人座書桌爭取平面空間，將照明檯燈變身，移至書櫃下方嵌入底部，長條狀的燈型，足以充分照到書桌每一角落，卻又能讓書桌與書櫃成為完美的平行線。

圖片提供 © 品楨空間設計

（屋主私物，VIPP 燈款）
照明器具／省電燈泡（15W）
燈具材質／鋁質壓鑄、不鏽鋼、矽膠、玻璃濾光片
燈具價格／約 NT18,800 元

081

反璞歸真，讓愛穿透家的每個角落

光是北歐的重要元素之一，除了大量引自然光入室，以柔和的光源營造溫馨的居家氛圍是一大重點。以書牆劃分出獨立的書房空間，又能穿透光線，櫃體上方裝置投射燈，穿透透明層板使展示物也包裹上一層暖意；作為書桌主要照明的檯燈，外型簡單俐落，是畫龍點睛的選擇。

圖片提供 © 北歐建築

照明器具／嵌燈 _LED（9W ／ 3000K）、
訂製燈具（20W ／ 2600-3000K）
燈具材質／發光二極體、鋁
燈具價格／詳洽設計師

082

沖孔鐵板演繹獨特光影線條

面對喜愛攝影的屋主，地下室的書房成為屋主業餘的 workshop，以陳列攝影作品為設計構思，有如圖書館般的矩陣櫃體排列，在每個櫃體正上方配置嵌燈，加上櫃體材料選用沖孔鐵板，經過仔細斟酌的光線投射角度，演繹出獨特的光影線條效果，對於原始進光量有限的地下室而言，反倒讓人更為聚焦。書桌上的吊燈則採取訂製，俐落的水平線條避免搶奪後方主題焦點。

圖片提供 © 水相設計

照明器具／層板燈 _T5×5（28W ／ 2700K）
燈具材質／玻璃
燈具價格／約 NT.350 元

083

大量間接燈柔化書房天花板線條

書房內的天花板藏有吊隱式冷氣機的迴風口，設計師將天花板處理成與地面非平行的傾斜式，所以更運用了大量的層板燈，可以弱化天花板的線條。

圖片提供 © 雲墨空間設計

照明器具／麗晶嵌燈、MR-16 嵌燈
燈具材質／詳洽設計師
燈具價格／約NT350～650元/（一組含變壓器）
約 NT450 ～ 850 元不等

o84

白色也有不同溫度和層次感
在沒有自然光源的地下室，以屋主喜歡的白色為空間主色調，提升明亮和寬敞的視覺效果之外，中間書桌位置的上方，安排了大嵌燈為空間主要光源，書櫃旁則以小嵌燈補充，打亮書櫃上的藏書或收藏小物，而且都採用4000K較柔和的白光，在樑柱和書櫃間造成的陰影自然形成空間的層次感。
圖片提供 © 佳設計

照明器具／吊燈 _PAR38（120W ／ 2700K）
燈具材質／金屬雷射切割吊飾、瓷質燈座
燈具價格／約 NT.19,800 元（組）

o85

動植物吊燈互相搭配，增添空間層次。
書房是眼睛重度使用的場所，書桌上方的光線一定要充足。設計師使用了義大利設計師 Michele De Lucchi 的金屬雷射切割燈飾藝術，以不同系列的動植物吊燈互相搭配，呼應牆面上的世界地圖，將豐富的大自然印象帶入空間中，並增添空間層次感。
圖片提供 © 禾光室內裝修設計

o86

主燈光線充足，減輕眼睛閱讀壓力

書房是眼睛重度使用的場所，空間宜清新明亮，書桌上方光線一定要充足。主燈可用造型立燈或桌燈加強閱讀所需的光線，這款 jielde 多關節立燈造型搭配空間線條設計，使空間更有味道。

圖片提供 © 禾光室內裝修設計

照明器具／嵌燈 _LED×2（9W ／ 3000K）
燈具材質／發光二極體、鋁
燈具價格／約 NT.1,200 元（連工帶料）

087

地板間的光束充滿設計感

書桌上方以 LED 嵌燈當閱讀用燈，坐榻區則運用間接照明手法，書房外部最吸睛處在於設計師在切開地板埋管線後，並未將地板復原，反而嵌入燈管，讓地上多了一道光束，十分獨特。

圖片提供 © 界陽 & 大司室內設計

照明器具／地燈 _T5 燈管 ×2（21 或 28W ／ 4000K）
燈具材質／玻璃
燈具價格／ NT.1,200 元（連工帶料）

照明器具／ PC 燈管內 +LED 燈條
燈具材質／鍍鋅鐵管、粉體烤漆黑砂紋
燈具價格／ NT 35,000 元

088

跳脫無趣的書房設計

本案的自然光源非常充足，白天其實不需要開燈即可讓溫暖的陽光灑滿屋裡。不僅可以節省能源，還能減少人工燈源的配置。書房的一側設計為植生牆，令人看了心曠神怡。另外，在閱讀與工作用桌面上方加裝功能性照明，輔助夜晚時的光線來源，讓書房跳脫死板無趣的格局。

圖片提供 © 柏成設計

089

隱藏式燈光減輕櫥櫃量體及照明

以架高木地板來區隔書房及客廳，並設計可升降式書桌，以彈性變化書房的使用可能性。顧及櫃體的統一性，客廳、書房及主臥的櫥櫃統一採木皮門片設計，唯在書房下層懸吊處理，搭配燈光，減輕櫃體量體。而架高木地板的階梯也隱藏燈光，是夜燈也是動線指引照明。

圖片提供 © 禾光室內裝修設計

照明器具／層板燈 _T5 燈管（28W ／ 3000K）
燈具材質／玻璃
燈具價格／約 NT.380 元

照明器具／立燈 _ 鎢絲燈（60W ／ 2700K）
燈具材質／玻璃
燈具價格／約 NT.7,000 ～ 8,000 元

090

我與自己獨處的慵懶時光

有別於公領域客餐廳，在白色為基底的空間選用鮮豔活潑的黃色燈具，與延伸的餐廚區牆面相隔的閱讀區，僅以一盞壁燈及些許間接燈光為照明，讓半開放包覆空間形成別緻的溫馨小角落，擺放地毯、懶骨頭等傢具便於隨意坐臥，享受慵懶閒適的片刻。

圖片提供 © 方構制作空間設計

Space 6

臥房

091

減少大量燈具的壓迫感

此款燈具最特別之處在於可以隨興上下左右 360° 旋轉，是可以多功能放置的燈具，並能照亮床頭、窗台、牆面。設計師當初選擇這款燈具的用意是，希望能減少臥房中大量燈具的壓迫感，運用燈具的多元功能，增添空間的清爽感。

圖片提供 © 由里空間設計

使用燈具／可調式多功能立燈

燈具材質／金屬

燈具價格／ NT12,000 元

照明器具／層板燈 _T5 燈管（20W ／ 3000K）
燈具材質／鋁合金、金屬、壓克力
燈具價格／約 NT.650 元

照明器具／檯燈 _LED（3W ／ 3000K）
燈具材質／鋁合金、金屬、壓克力
燈具價格／約 NT.250 元

092

壁面置入照明燈，增加睡眠空間光影層次

臥室照明除天花內的主照明外，強調床頭照明兼具機能性與情境，因此若需在床上閱讀可打開後方櫃體內的照明，另預留兩盞床頭檯燈的位置提供情境照明。

圖片提供 ©TBDC 台北基礎設計中心

照明器具／投射燈 _LED（5W ／ 3000K）
燈具材質／鐵、玻璃
燈具價格／約 NT.1,500 元

093

床頭光束投射天花光影變化

光源由床組左右兩旁的床頭矮櫃的檯面往上投射至天花板，為讓燈光在不用材質呈現不同效果，刻意在床頭板設計凹槽溝渠，使光束可先沿溝渠照射在木頭上的紋路突顯出來，再透過放大效果，投射於牆面形成光帶直至天花，為牆面及天花帶來不同的光影變化。

圖片提供 © 尤噠唯建築師事務所

094

照明規格／白熾燈泡（60W）
燈具材質／金屬
燈具價格／約 NT.24,000 元

時尚主燈打造五星飯店級臥室

一般而言，懸吊式主燈運用在客餐廳區域居多，但若是臥室空間坪數夠大，也不妨考慮為臥室選擇一盞具有時尚設計感的主燈，將可營造出五星旗飯店般的奢華氣度！但應注意主燈位置不宜在床頭上方，以免光線影響睡眠品質或造成壓迫感。

圖片提供 © 演拓室內空間設計

095

照明器具／吊燈 _ 鎢絲燈泡 ×2（50W ／ 3000K）
燈具材質／玻璃、金屬烤漆
燈具價格／約 NT.4,000 元（連工帶料）

純白吊燈作為主要照明打亮床頭

灰藍色系的房間為小孩房，空間裡除了床鋪，還得放上書桌。除了床頭天花板上方兩盞吊燈照射在床頭，是臥室的主要光線來源，床板後方也藏有層板燈，一直延伸到書桌前，帶狀光線除了可加強床頭照明，更是在書桌閱讀或打電腦的照明工具。

圖片提供 © 界陽 & 大司室內設計

096

獨一無二的牆面創意造型燈

由於本案臥室結構樑柱較多，且天花板較低，再加上迎光面有不錯的採光條件，因此在燈光配置上選擇不用主燈，而是運用牆面木作設計搭配間接燈，藉由創意檯燈的造型，彷彿從窗外汲取日光引入室內般，不但讓人看了會心一笑，也成功化解空間樑柱結構的壓迫感。

圖片提供 © 演拓室內空間設計

照明規格／詳洽設計師
燈具材質／木作訂製
燈具價格／詳洽設計師

使用燈具／水晶吊燈
燈具材質／水晶、LED 燭型燈泡
燈具價格／ NT20,000 元

097

巧妙運用燭型燈泡營造風格

由於這個空間的設計風格是古典風，為了讓風格能夠彼此呼應，床頭上的兩個壁燈配以火苗形狀的燈泡，空間主燈除了用燭型燈泡以外，燈座選用白色蠟燭狀，讓主燈輕盈的材質拉出空間亮點，增加層次、以及古典風格的韻味，如果不仔細看真的會以為是燭光呢。

圖片提供 © 由里空間設計

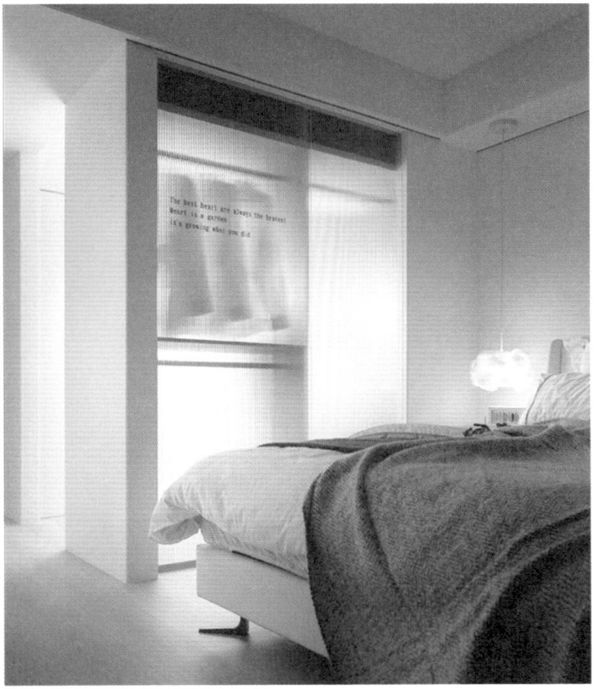

098

半透明衣櫃化身創意燈箱

對於回到家就想放鬆的人來說，過於明亮、刺眼的燈光反而不舒服。因此，針對臥室或休憩空間，建議不一定要用大量間接燈或主燈，可以運用特殊材質玻璃打造隔間衣櫃，讓另一端的燈光滲入空間，有如溫暖的玻璃燈箱，打造最療癒的私密場域。

圖片提供 © 演拓室內空間設計

099

用配耳環的心情選擇臥室燈飾

受限於空間坪數，臥室空間通常不適合搭配較大型的水晶主燈。如果想要運用燈飾營造出奢華高貴的質感，就請懷著「搭配耳環」的心情來挑選燈飾吧！不需要過度誇張，但要能展現精巧細緻的設計質感，就像名媛耳畔晶亮的耳環一樣，會帶來令人驚豔而難忘的效果。

圖片提供 © 演拓室內空間設計

100

運用造型吊燈補足床頭閱讀光線

主臥透過一條黑線將空間一分為二，床頭側是清水模質感，電視牆側則是淺色木紋，迸發出異材質間的火花，讓屋主能在外凸的臥榻區，感受活潑的休閒氣氛。照明部分以天花板嵌燈為主，黑色床頭吊燈為輔，來補足在床頭閱讀時所需的光源。

圖片提供 © 懷生國際設計

照明器具／層板燈 _T5 燈管（28W ／ 3000K）
燈具材質／玻璃
燈具價格／約 NT.1,300 元（2 個一組）

1o1

間接照明保留夜間安全動線

房間的照明不能對人的眼睛產生刺激或暈眩的感覺，因此設計師在櫃體下放燈，方便夜間照明，也讓整個空間產生層次感。床兩邊的檯燈也很重要，可提供閱讀時的光源。

圖片提供 © 明代室內裝修設計

1o2

讓光影自由呼吸的休息空間

留白是為了留給生活中值得期待的餘地，燈光安排中的留白，留給影子堆疊出空間深度。本案床邊與門口之間的屏風，設計了傾斜的格柵間隙，讓光與空氣恣意流動，而床頭和牆邊的投射燈光，形成屏風的裝飾。天花板的嵌燈則以功能為主，精準地安排在衣櫃開口的上方，方便使用者取物，光影交錯讓空間有了呼吸感。

圖片提供 © 隹設計

照明器具／ MR16 小嵌燈
燈具材質／詳洽設計師
燈具價格／大約 NT350 ～ 450 元

照明器具／層板燈 _T5 燈管 ×4（21 或 28W ／ 4000K）
燈具材質／玻璃
燈具價格／約 NT.1,200 元（連工帶料）

1o3

臥室三種區塊，兩種照明手法

在臥室裡除了床鋪，還備有書桌區及聊天區，所以設計師依不同區域有不同功能而安裝照明，書桌與聊天區皆運用直接照明 LED 嵌燈，睡眠區則以間接照明最常運用的層板燈作為床頭燈，還可以當展示物品照明以及收納櫃照明之用。

圖片提供 © 界陽 & 大司室內設計

1o4

多層次燈光滿足不同情境

大多數人的臥室可能不只有睡眠的功能，而是兼具閱讀、更衣室等起居功能。建議可為臥室空間搭配多重照明燈源，如本案即搭配了天花間接照明、嵌燈、床頭收納櫃燈、兩側閱讀燈等，不論是睡前需要溫和一點的燈光，或早晨更衣需要充足照明，均可視需求切換使用。

圖片提供 © 演拓室內空間設計

照明器具／投射燈 _LED（5W ／ 3000K）
燈具材質／發光二極體、鋁
燈具價格／約 NT.550 元

照明器具／檯燈 _E27 麗晶燈泡 ×2（60W ／ 4000K）
燈具材質／玻璃、金屬、木頭、布
燈具價格／屋主自購

105

不同光源打造臥室不同機能

在臥室，不同時間會需要不同光源，展室櫃中收藏主人心愛的物品，必得用到投射燈來加強物件照明；床板後方可做為擺放眼鏡、書籍等物件之處，可運用嵌燈來協助照明；而床頭兩邊的檯燈則可視主人睡眠需要機動調整。

圖片提供 © 品植空間設計

106

營造媲美飯店的臥室燈光

在暗色系的臥室空間中，左側黑色的櫃體與窗戶的捲簾相呼應，床頭櫃由下而上的壁燈 空間營造出沉穩大器的氛圍感受，輔以嵌燈強化室內明亮度，讓人彷彿置身在五星級酒店，身心都獲得最好的休憩。

圖片提供 © 汎得設計

照明器具／壁燈 _LED 燈（10W ／ 3000K）
燈具材質／玻璃
燈具價格／約 NT.400 元

Space 7
衛浴

1o7

冰塊造型吊燈散發迷離光影

將公共衛浴的洗手檯獨立出來，讓用餐時可以方便洗手，設計師精心佈置此處角落，洗手檯牆面用灰洗石子，經由 LED 燈一照射，紋路更為立體，右方的冰塊造型吊燈更是吸睛，光影散發出既像閃電又像雲朵般的造型，夢幻迷離。

圖片提供 © 界陽 & 大司室內設計

照明器具／吊燈 _ 豆燈 ×3（7W ／ 3000K）
燈具材質／玻璃、金屬、塑料
燈具價格／約 NT.4,000 元（1 組 3 個，連工帶料）

照明器具／LED T5 燈（3000K）
燈具材質／長度約 120 公尺
燈具價格／詳洽設計師

108

設計不簡單的簡約風格浴廁

以簡約風為設計主軸，混搭黑白花磚，整潔現代又兼顧個性美觀，與之相對應的天花也不只是單調的牆面，多了層板與間接照明，以柔和的燈光為浴廁空間營造放鬆的氛圍，令人安心且舒適地洗滌一天的疲憊，自在排解每日的負擔。

圖片提供 © 一它設計

照明器具／德國 DURAVIT LED 觸控明鏡
燈具材質／玻璃、LED 燈
燈具價格／約 NT80,000 元

109

在家也能像渡假般優雅悠閒

為了營造舒適的飯店氛圍，2 坪大的浴室也有許多巧思，延續整體的內斂低彩度但溫暖的色調，搭配令人放鬆的柔和燈光，特別選用德國品牌的觸控明鏡，外觀優雅大方，能匀稱地將光線照射在臉上，而非反射在鏡面上，讓人一照鏡子就有好心情。

圖片提供 © 禾邸設計

110

光影營造日式泡湯的氛圍

在這個充滿日式療癒氛圍的衛浴空間中，明暗間接錯落的燈光所扮演的角色是掌握氛圍的魔術師，為空間充分營造出日式禪風寧靜的氣氛感受，讓人身在其中，倍感放鬆。

圖片提供 © 奇逸空間設計

照明器具／層板燈 _T5 燈管（28W ／ 6500K）
燈具材質／玻璃
燈具價格／約 NT.3,100 元

照明器具／層板燈 _LED（20W ／ 3000K）
燈具材質／發光二極體
燈具價格／約 NT. 650 元

111

使用長型黃色燈管，溫暖整體衛浴空間

因衛浴空間，大多採用石材堆砌，空間感較冷調，因此除天花內的 LED 燈外，在牆面上嵌入長型黃色 LED 燈管，使空間整體感覺較溫暖。

圖片提供 ©TBDC 台北基礎設計中心

照明器具／層板燈 _T5 燈管 ×4（28 和 14W ／ 3000K）
燈具材質／玻璃
燈具價格／約 NT.1,000 元

112

鏡櫃中美麗的圓形光暈

狹小的衛浴空間中，在收納的鏡櫃中嵌上燈管，再於鏡櫃表面，取一圈鏡面，除去水銀材質，並加以噴砂處理，讓嵌燈的光線可以從其中透出，成為一個環狀光帶，讓空間驚豔。

圖片提供 © 演拓室內裝修設計

照明器具／嵌燈 _LED×3（10W ／ 3000K）
燈具材質／發光二極體、鋁
燈具價格／約 NT.400 元

照明器具／層板燈 _T5 燈管 ×3（21W ／ 3000K）
燈具材質／玻璃
燈具價格／約 NT.300 ～ 350 元

113

金屬馬賽克反映光影變化

三盞嵌燈呈三角形均勻分布於淋浴區及馬桶洗手區，受光平均，無論是要洗澡或如廁都很明亮，牆面置物櫃上下方皆有層板燈，下方亮面、霧面交錯的金屬馬賽克拼貼，經由櫃子下方的小燈照設，顯得有層次變化的美感。

圖片提供 © 只設計 ‧ 部室內裝修設計

照明器具／層板燈 _T5 燈管 ×8（21 或 28W ／ 4000K）
燈具材質／玻璃
燈具價格／約 NT.1,200 元（連工帶料）

照明器具／嵌燈 _LED 條燈（1400 公分／ 5000K）
燈具材質／發光二極體
燈具價格／約 NT.10 元（每公分，連工帶料）

114

烤漆玻璃裡的樹枝狀燈管，打造前衛浴室叢林

在兩面鏡面牆壁中，用烤漆玻璃切割出成大型樹枝狀的線條，再嵌入 T5 燈管，不僅有照明的作用，更是一種裝飾手法，讓整間浴室彷彿是一座叢林般狂野，當然也不忘在洗手檯上下方裝上 T5 燈管，作為天花板照明與洗手時的細部照亮。

圖片提供 © 界陽 & 大司室內設計

115

燈光營造，浴室也可以是展示空間

開放的浴室空間中，以浴缸作為展示主角，架高的平檯下嵌入 LED 燈條，除此之外，只有櫃體前的天花板上安置了投射燈，作為營造氣氛之用途，整體以日式簡約風格當作設計主軸，活潑地運用燈光安排，為質樸空間增添生活情趣。

圖片提供 © 禾郅室內設計

照明器具／層板燈 _T5 燈管（21W ／ 3500K）
燈具材質／玻璃
燈具價格／約 NT.650 元

照明器具／層板燈 _T5（28W ／ 3000K）
燈具材質／玻璃
燈具價格／約 NT.420 元

116

梳妝鏡亮出側面暈光，光線充足不刺眼

衛浴空間偏亮比較安全，因此馬桶上的天花板光線均亮，洗手檯上方則有兩個 LED 投射燈提供重點照明，牆面貼白色馬賽克磁磚，鏡框下裝燈，從側面暈光出來，光線足而不刺眼，方便女主人化妝用。

圖片提供 © 隱巷設計

照明器具／吊燈 _LED 燈（10W ／ 3000K）
燈具材質／玻璃
燈具價格／約 NT.400 元

117

造型燈具為衛浴空間增添個性

擁有大面窗戶的衛浴大空間，採光與通風相當良好，造型簡潔的獨立浴缸與矮牆，輕鬆呈現獨特的空間個性，燈具在此空間中扮演的角色正是營造個性氛圍，給予空間更鮮明的特色，令人眼睛為之一亮。

圖片提供 © 汎得設計

照明器具／吊燈
燈具材質／鐵鍊
燈具價格／詳洽設計師

118

輔佐空間線條，點綴生活質感

從更衣空間望過去，設計師特意拉出浴缸線條的上方，選用以鐵鍊勾勒出層次線條的造型燈具，成為淺色空間中的焦點，又低調呼應了地面花磚的華麗。在自然光充足的日間，燈具點綴出現代風格的質感，夜間燈光又帶有復古情調，營造出日夜不同氛圍。

圖片提供 © 甘納設計

照明器具／壁燈 _LED（10W ／ 3000K）
燈具材質／玻璃、鋁
燈具價格／約 NT.400 元

119

映襯木質與石材純粹質感

位於經典傢具展示空間中的一隅，除了利用嵌燈呈現空間的質感外，一旁搭配壁燈的映襯烘托，讓原木材質的洗手檯，在充滿時尚感大理石的洗手間裡，成為獨特的視覺焦點。

圖片提供 © 大器聯合室內設計

照明器具／ LED 燈
燈具材質／發光二極體
燈具價格／約 NT5 ～ 6,000 元

120

記下光暈在臉上美麗的角度

在鏡子後嵌上 LED 燈條，拉開鏡面和牆面的距離，光在淺灰色大理石上暈染出不同層次，和鏡面映射出的方塊建構成迴圈，延展了視覺空間，使簡單的空間有豐富語彙，此外，透過牆面折射的光暈，能柔和地照在臉上，便於梳妝打扮與記下自己美好的樣貌。

圖片提供 © 諾禾空間設計

照明器具／嵌燈 _LED（10W ／ 3500K）
燈具材質／金屬烤漆
燈具價格／約 NT.900 元

122

善用間接照明保持空間個性美

浴室的設計通常是維持全室明亮以策安全，但屋主是年輕人，喜歡現代化空間設計，以黑色、白色作為牆面主體，並採間接照明的模式，保持空間照明的層次，左邊櫃子藏一個壁燈，鏡子上方天花板裝一盞嵌燈，作為主要燈源。

圖片提供 © 非關設計

照明器具／層板燈 _T5 燈管（8W ／ 10000K）
燈具材質／玻璃、鐵件
燈具價格／約 NT.3,000 元（組）

121

照出衛浴空間混搭風格

與一般多數採用嵌燈效果的衛浴空間規劃不同，透過嵌燈搭配間接照明烘托出空間的混搭感，天花板的材質也採以較為防潮的塑鋁板，營造與眾不同的衛浴氛圍。

圖片提供 © 汎得設計

123

俐落與現代感的石材衛浴照明

將一般浴室中所需的各種收納隱藏在大理石花紋之下，透過嵌燈的投射，讓浴室空間更顯俐落與現代感；燈光與整片的鏡子中反映出石材的紋路，讓整體衛浴空間呈現現代感又不失華麗的氛圍，身在其中宛如在做 SPA 般的高級享受。

圖片提供 © 無有建築設計

照明器具／嵌燈（21W ／ 3000K）
燈具材質／玻璃、鋁
燈具價格／電洽

照明器具／硬條燈 _LED（3000K）
燈具材質／發光二極體
燈具價格／約 NT.800 元（每公尺）

124

階梯嵌燈錯置，形成層次感

門前使用兩盞重點照明，因門口有兩階階梯，因此在梯內嵌入兩盞長型照明設備，作為機能性照明，並故意將兩盞燈錯置，使之看起來較有層次，並有引導之作用。

圖片提供 ©TBDC 台北基礎設計中心

125

以城市為屋頂，在陽台開派對

陽台作為居家的戶外延伸，經過設計與燈光規劃，能營造不同於室內的美好。此案在架高的木棧板下安置燈條，透過光影突顯木棧板不規則的線條，形塑空間個性，擺放幾張造型燈椅，與整個城市光景相互輝映，享受屬於一個人的靜謐夜景，或是三五好友相聚的美景。

圖片提供 © 奇拓室內設計

126

配合空間條件，燈光採集中式裝設

這是一個位於 30 樓的休閒區，白天採光足夠，夜晚可欣賞美麗的夜景，是先天條件相當好的空間，因此燈光採集中式裝設，在流理檯、吧檯、工作檯上，局部裝設 LED 投射燈及主燈等。

圖片提供 © 隱巷設計

照明器具／吸頂式筒燈 _E27 麗晶燈管（28W ／ 2700K）
燈具材質／鐵材、鏡面鋁反射
燈具價格／約 NT.900 元

127

陽台燈亦是建築外觀的裝置藝術間

全大樓一致性的嵌燈，除了作為每一戶陽台的照明設備外，更是建築外觀的裝置藝術，當夜晚來臨，大樓整體控管下，整幢的陽台燈都一起開啟，集合成「數大便是美」，讓大樓成為街道上最亮眼的景致，美不勝收。

圖片提供 © 品楨空間設計

照明器具／嵌燈 _T5 燈管 ×6（21W ／ 4000K）
燈具材質／玻璃
燈具價格／約 NT.400 元

128

留一盞燈，歡迎回家

透過屋簷下溫暖的投射燈光與牆邊由下而上的光源呼應，在大門與室內的小小室外玄關處，營造一種溫馨寧靜的氛圍，默默等待晚歸的家人；鞋櫃底下的間接照明設計，貼心地照亮樓梯。

圖片提供 © 奇逸空間設計

照明器具／層板燈 _T5 燈管（8W ／ 10000K）
燈具材質／玻璃、鐵件
燈具價格／約 NT.3,000 元（組）

照明器具／戶外照明燈具 _LED（7W ／ 3000K）
燈具材質／壓鑄鋁烤漆、玻璃
燈具價格／約 NT.700 元

照明器具／壁燈 _LEDx1（6.5W ／ 3000K）
（Dora 朵拉 SLD-1010WDTE）
燈具材質／玻璃、鋼（紅銅）
燈具價格／詳洽設計師

照明器具／軌道燈 _LED（7W）
（貴族黑 LED-TRCP7W-BK）
燈具材質／鋁
燈具價格／詳洽設計師

129

致，人生閱歷與那些美好收藏

燈光能放大事物美善的一面，走過藝術廊道，軌道燈照明了藝術畫作本身該有的內涵，玻璃酒窖陳列架上安置的黃光，烘托酒標上的不凡身價，站在廊道看像酒窖，像是瀏覽精品展示櫃，又像是欣賞一件大型藝術品。廊道底端靠窗的吧檯區，壁燈陪伴你緩緩啜飲一杯，頗有「對影成三人」的詩意。

圖片提供 ©E.MA Interior design 艾馬設計．築然創作

照明器具／嵌燈 _LED（9W ／ 3000K）
燈具材質／發光二極體、鋁
燈具價格／詳洽設計師

13o

特殊藍光展現陳列主題性

由地下室車庫轉入樓梯處，以架高地坪做出空間的界定，木質拉門與落地櫃體為虛實隔間，展示櫃內收藏著屋主心愛的跑車模型，配置嵌燈投射強化其藝術性，樓梯下方的引擎模型展示區則以象徵高科技的特殊藍光投射燈，增加裝飾與氛圍效果，也充分呈現此區的特殊陳列主題。

圖片提供 © 水相設計

131

光源藏在隔板，營造精品櫃質感

針對屋主的收納需求設計一間小巧的儲藏室，儲藏室裡採用開放層架，省去門片開關的空間，並將光源藏在層板後方，見光不見燈，同時也營造精品櫃般的質感。在細節上絲毫不馬虎，設計師特別打造鍍鈦五金腳架搭配實木衣桿，可以隨服飾長短需求上下挪移，讓收納更彈性靈活。

圖片提供 ©KC 均漢設計

照明器具／造型檯燈、LED 燈條（3000K）
燈具材質／詳洽設計師
燈具價格／（復刻版）約 NT2,900 元

132

聚焦空間中值得品味的細節

以同樣灰色但不同材質，堆疊出空間的多元細節，燈光的重點聚焦於開放式展示櫃上，3000K 的黃光柔和了灰色調的稜角，經過金屬質地的層板折射，為展示品鋪上一層淡淡的光芒，吸引人走近欣賞。此外，將小造型檯燈作為擺設，讓空間表情更為生動。

圖片提供 © 璧川設計事務所

133

展示櫃展示生活的多樣風貌

從安置深色素雅壁燈的入口進入，溫潤木質鋪陳的和室中，精準拿捏櫃體收納與展示區域的比例，並將燈光安置於層板下，使展示生活品味的物品，妝點空間獨特魅力，在這裡彷彿能放慢腳步，細細品茶、品好宅、品人生。

圖片提供 ©IS 國際設計

134

書桌面也是幻燈片燈箱

屋主喜愛傳統相機，並有使用幻燈片的需求，因此在書桌設計時，特別在木質書桌的角落處嵌入一噴砂玻璃燈箱，取代看片機，讓人藉由桌面的透光燈箱，再次沈溺於影像的世界。

圖片提供 © 尤噠唯建築師事務所

照明器具／玻璃燈箱 _T5（8W ／ 4000K）
燈具材質／噴砂玻璃
燈具價格／電洽

Space 9

商業空間

照明器具／LED 燈 x 60／鹵素燈 x 3（UNIVERSE 180）
燈具材質／鎳、發光二極體
燈具價格／約 NT150,000 元

135

工作室也能仰望星空

進入此辦公空間，第一眼會注意到的絕對是中島吧檯上方的燈，採用 QUASAR 的 UNIVERSE 180，為辦公室灑下點點星光。有別於一般封閉性高的工作環境，設計師希望拉近人與人之間的距離，而在空間中留了許多白，引入自然的空氣、光線，讓身處在工作室的員工更可感受到日夜交替、四季變化在空間裡交會的生命力，激盪創作靈感。

圖片提供 © 齊設計

照明器具／ CDM 投射燈（35W ／ 3000K）
燈具材質／金屬、玻璃
燈具價格／約 NT. 3,000 元

136

善用燈飾創出滿天星光

四層樓中庭挑高除了商業空間基本照明外，並希望讓顧客向上仰望時，感受星光閃爍的震撼。星光以不刺眼的 LED 燈泡為主，輕柔的表現本身的亮點，與顯耀商品的燈具做搭配，呈現金璧輝煌的嘉年華會。

圖片提供 © 璧川設計事務所

照明器具／ LED 燈條
燈具材質／玻璃
燈具價格／約 NT.1200 元（每公尺）

照明器具／吊燈 _E27 燈泡
燈具材質／金屬
燈具價格／約 NT.3,500 元

137

均勻色溫能突顯食物美感

當食物集中擺放，整排的吊燈可以打出明亮均勻光源，照映在食物上，突顯食材本身色澤。建議使用 3000K 黃光，色溫最柔和。而踢腳燈打亮局部空間，使用 LED 燈條，像條光帶蔓延室內，帶來柔和光亮。

圖片提供 © 直學設計

照明器具／工業吊燈
燈具材質／金屬、壓克力
燈具價格／約 NT. 2,800 元

照明器具／防爆壁燈
燈具材質／金屬、網
燈具價格／約 NT.600 元

138

金屬燈飾形塑活潑的工業風氣氛

配合店家期望呈現的工業風，因此在燈具選擇上也以略帶粗曠質感的金屬燈具為主，包括壁面的壁燈顏色的選擇上，也呼應牆面的黃色水管線路，視覺上互相呼應。整體空間在剛性工業風中帶著俏皮。

圖片提供 © 直學設計

照明器具／嵌燈 _LED（9W ／ 3000K）
燈具材質／發光二極體、鋁
燈具價格／詳洽設計師

139

優雅弧線拉出柔和光源

此為金融媒體辦公空間，入口處的接待前台運用鍍鈦與金黃紋理大理石材，呼應象徵財富，天花板則是採用預鑄石膏板創造出有如河流般蜿蜒的狀態，每個弧線內部藏設間接照明，並在平整處的天花板上局部結合嵌燈輔助，既達到重點聚焦式的亮度需求，又能創造空間的主題性。

圖片提供 © 水相設計

照明器具／LED（10W／3000K）
燈具材質／霧面玻璃
燈具價格／約 NT.400 元

140

LED 投射新生活態度的轉變

此空間為綠建材廠商的旗艦店，以羽毛、葉脈等光影意象為設計主軸，空間由內向外、由上而下以太極的原理出發，包覆位在中央的核心空間，訪客身在其中被 LED 燈光包圍，感受企業積極傳遞愛地球、環保的新生活態度。

圖片提供 © 無有建築設計

141

選擇為簡單生活妝點層次感

從美好生活源自於健康選擇的商品理念延伸，牆面由木紋與白色調作為基底，開放式層架，以大理石及其紋理流露自然氣韻，搭佐金屬的精緻來烘托商品質感，錯落有致的層板規劃，預留未來商品變換的空間，牆面與層板裝設的燈光是關鍵的一筆，既突顯商品又不干擾樸質美好的節奏。

圖片提供 © 理絲室內設計

照明器具／吊燈 _ 鎢絲燈泡（60W ／ 2700K）
燈具材質／鑄鐵烤漆、黑色金屬烤漆
燈具價格／約 NT.9,000 元（1 盞）

142

3 盞老油燈營造家的氛圍

濃濃懷舊味的空間設計，藉由 3 盞鎢絲燈泡老油燈，加上天花板上一管管牛皮紙管，讓空間滿佈老家鄉的氛圍。天花板另有照射角度較大的泛光燈，用以補足現場環境光。

圖片提供 © 竪川設計事務所

143

機動性軌道燈做重點照明

形塑展覽空間時，為了突顯商品本身特性，盡量會以重點照明為主要方式。加上軌道燈因為機動性高，可依循需求調整光源的佈設位置及方向，更是最常被使用的燈具。這個展覽空間就以下照式照明方式，利用軌道燈特性打亮每一件作品。

圖片提供 © 光拓彩通照明設計顧問公司

照明器具／高功率嵌燈 _LED（9W ／ 3000K）
燈具材質／發光二極體、鋁
燈具價格／詳洽設計師

144

高功率燈具有助於擴散光源

座落於台中的分子藥局，二層樓的挑高空間，左右兩側規劃了展示陳列層架，考量空間高度的關係，若是一般 T5 燈管功率所產生的光量照射範圍不足，此處嵌燈皆選擇高功率，柔和的光源能完整延續地擴散於整個立面，加上天花的軌道燈投射於鵝卵石壁面，讓光線擁有層次變化。

圖片提供 © 水相設計

照明器具／層板燈 _T5 燈管（20W ／ 2600-3000K）
燈具材質／發光二極體、鋁
燈具價格／詳洽設計師

145

斜向拼接木作完美隱藏間接照明

此為擁有40年歷史且頗具規模的五金製造貿易商辦公空間，因應空間存在著許多樑柱問題，以公共走道作為劃設，區隔與界定出兩側辦公室、接待區，天花燈帶猶如一條時間的河，乘載企業歷史與未來的方向，木作天花巧妙利用斜向拼接方式，將燈光隱藏在內部，空間內完全看不到間接照明，發展出明亮且獨特設計感的光源效果。

圖片提供 © 水相設計

照明器具／吊燈 _E27 燈泡（60W ／ 2700K）
燈具材質／鐵、玻璃
燈具價格／約 NT.1,980 元

146

造型日光燈展現特殊性

商空很強調空間的特性，利用特殊燈具配合簡練設計，就能突顯格調。有特殊造型的日光燈散發微弱光源，直視不會不舒適，同時為空間帶來獨特性。

圖片提供 © 直學設計

照明器具／壁燈 _E27 燈泡（40W ／ 3000K）
燈具材質／金屬
燈具價格／約 NT. 5,000 元

照明器具／吊燈 _E27 燈泡
燈具材質／金屬
燈具價格／約 NT.7,500 元

147

善用不同燈具勾勒不同氛圍

吊燈打出大片光，照映桌面的明亮。而壁燈其實是商空很常使用的打光手法，雖然不是主要照明，但可以運用在重點區域，比如打亮柱子、牆面，或是壁面的畫作。利用斜角的光源，營造由亮到暗的光源層次，當不同光源存在空間內，室內充斥著光影，有時候就是最美的裝飾。

圖片提供 © 直學設計

照明器具／層板燈 _T5 燈管（28W ／ 3000K）
燈具材質／玻璃
燈具價格／約 NT.420 元

148

裝設大鹵素燈，讓空間和產品更顯色

這是幫歐式廚具商設計的現代感廚具陳列，背景用的是強烈壁紙，商業空間的設計與居家不同，居家空間為保持舒適感，不主張全亮，但商業空間以展示產品為主，照明重點需立體全亮，因此在天花板上放大的鹵素燈，讓空間和產品更顯色。

圖片提供 © 隱巷設計

照明器具／ Ø9.5 公分投射燈 -LED（4000K）+ LED 軟條燈
燈具材質／線板、進口瓷磚、鍍鈦玫瑰金
燈具價格／約 NT2,200、500 元

149

吸引人駐足流連的陳設燈光魔法

商業空間在進行燈光設計時，應與商品的陳設方式合併思考，例如本案為頂級醫美會館接待大廳，設計師運用展示櫃打造整面燈牆引導動線，底端櫃台更搭配了高雅的鍍鈦玫瑰金，讓人自然循著燈光步入空間，目光更是不由自主被明亮的陳列櫃所吸引，成功擄獲目光！

圖片提供 © 奕所設計

照明器具／ LED 鋁條燈
燈具材質／間接照明搭配木作天花
燈具價格／約 NT.500 元

150

以燈光打造多維科技感空間

空間是由點線面所構成，除了以天地壁創造空間的線條感之外，燈光也是一項極佳的手法。例如本案是一家磁磚展示中心，設計師運用 LED 鋁條燈結合木作天花，打造出多維度的科技感空間，讓整個空間彷彿變成一個立體多邊形，勾勒出前衛現代的設計質感。

圖片提供 © 奕所設計

151

在城市咖啡廳享受美好光景

在低奢美式古典風格的基底下，不用常見的裝飾天花，改用多款燈具，投射燈、具工業感的軌道鎢絲燈，外型洗鍊的吊燈等，完美混搭並勾勒天花錯落有致的層次，牆面也安排了造型小巧別緻的壁燈，光影交織在咖啡廳中別具一番風味。

圖片提供 © 尚展空間設計

152

間接照明搭配凹槽形成空間焦點

僅是一個樓層的空間，在天花板不是很高的前提下，有效結合天花板與牆壁的空間，可形成顧客注意的焦點。特殊的凹槽造型，搭配間接造明，從天花板到牆壁，流盪出一道炫麗的極光。天花板的 4 顆小照明燈，是為環境補光用，牆壁的凹槽也可以陳列商品，十分實用。

圖片提供 © 璧川設計事務所

照明器具／軟條燈 _LED（30W ／ 3000K）
燈具材質／玻璃、金屬
燈具價格／約 NT.1,500 元（每公尺）

153

為藝術賦予生命的燈光安排

為滿足藝廊展出多品多元的需求，沒有固定的展覽牆讓展場運用有高度彈性，中央特別設計圓弧軌道，使作品展示數量能極大化，沿著可移動的展板軌道配置了白光、黃光等多種軌道燈具，可追蹤藝品展示位置，提供最佳的照明烘托。

圖片提供 © 尚展空間設計

154

水光瀲灩的夜店氛圍

顛覆一般夜店的既有印象，隱藏在金屬櫃體與玻璃吧檯桌面下的藍光，正是以層板燈搭配藍色燈罩，營造出如水流般波光瀲灩的情調，吧檯上的造型燈具為吧檯空間營造視覺重點，而整體空間的明暗度則可隨需求調整，整體呈現時尚又自然的輕鬆自在空間。

圖片提供 © 大雄設計

照明器具／層板燈 _T5（8W ／ 10000K）
燈具材質／玻璃
燈具價格／約 NT.3,000 元（組）

照明器具／吊燈 _ 螺旋燈泡（13W ／ 2800K）
燈具材質／藍色燈罩、鋼材電鍍 PC 罩
燈具價格／約 NT.150 元

155

如同林間灑落的詩意燈光設計

針對咖啡廳、餐廳空間而言，燈光的光影層次及其所營造的氛圍，要比實質的照明功能更重要。在思考方向上可運用局部燈光結合天花板設計，例如本案選用錯落有致的實木造型，中間穿插投射燈，營造有如陽光從樹林間灑落的詩意，讓燈光設計成為空間最美的藝術裝置。

圖片提供 © 奕所設計

照明器具／Ø9.5 公分投射燈 -LED（4000K）
燈具材質／實木、鐵件結合投射燈
燈具價格／約 NT.2,200 元

照明器具／LED 軟條燈
燈具材質／LED 燈條 + 壓克加罩
燈具價格／約 NT.500 元

156

妙用 LED 打造恢弘的光之殿堂

對於大型展售空間而言，燈光是決定空間大器與否的重要關鍵。但若用傳統的白熾燈光，要打亮整個空間不但費電，而且更換也很麻煩。不妨參考本案運用環保省電的 LED 燈條，雖然成本略高，但日後可省下相當可觀的電費，且使用壽命也更長，並能減少更換的負擔！

圖片提供 © 奕所設計

157

創意燈光打造工業風辦公室

工業風的設計精神源自於就地取材，本案巧妙轉化了木絲板的板材性質，運用其透光的特性，結合投射燈設計，打造為獨一無二的燈飾；而六角形的切割造型，更彷彿象徵著人們在會議中想法相互連結、延伸與展開，讓每一點微小的靈感星火，點亮無限的創意！

圖片提供 © 奕所設計

照明器具／Ø9.5 公分投射燈 -LED（4000K）
燈具材質／木絲板結合投射燈
燈具價格／約 NT.2,200 元

158

室內的日光推移與漫天繁星

大面落地窗引入日光，每日不同時刻的推移在地面上映落多變的表情，室內照明配置兼具功能與氛圍營造，軌道投射燈讓設計師能清楚每一位客人每一根髮絲的動向，鏤空燈罩的吊燈與美式傢具、仿舊紅磚牆堆砌復古質感，映襯出木棧板牆的質樸美感，打造歷久彌新的空間。

圖片提供 © 齊設計

照明器具／訂製吊燈 _LED 燈條（21W ／ 2700K）
燈具材質／金屬片
燈具價格／約 NT.15,000 元

照明器具／背牆石頭漆間接燈 _LED 燈條
燈具材質／玻璃
燈具價格／約 NT. 1,200 元（每公尺）

159

造型燈飾具有強烈裝飾效果

商空重視光源的演色性，也比居家空間更重視視覺特殊效果。利用鍍鈦不鏽鋼材質製成的葉子燈飾，造型獨特，光源柔和，但不具照明效果。而壁面的間接燈光才是主要照明光源，再利用設計手法呈現燈光美感。

圖片提供 © 直學設計

160

善用天花嵌燈突顯店面格調

這是一個火鍋店的入口櫃台，天花板以波浪狀的布幔堆疊，營造壯闊的立體感，壁面以斜切的菱形線條串聯而成，搭配天花板嵌燈，部分投射在布幔、部分投射在壁面，讓整個空間明亮又帶有神祕感。

圖片提供 © 懷生國際設計

161

照亮記憶中的日式風華

此空間是座落在永康街區裡的日式餐廳，玄關處透過點點嵌燈映照在石材牆面上，搭配右邊天然的木頭材質運用，為空間營造自然、質樸、靜謐的氛圍，以氣定神閒的風格氣韻迎接所有客人的造訪。

圖片提供 © 大器聯合室內設計

照明器具／嵌燈（13W ／ 3000K）
燈具材質／鋁
燈具價格／約 NT.7,000 ～ 10,000 元（組）

162

讓燈光引路，品味日式禪風

以燈光導引眼光的觀看主題，隱藏在造景植物下往上 24°的投射燈，點亮了枝葉姿態，屋瓦搭建的屋簷下方，一盞投射燈擦亮招牌，另外兩盞投射下方，與格柵透出的室內光，映照在經水磨平滑的黑色大理石上，有如水面上的星光，引領賓客走進日式靜謐氛圍之中。

圖片提供 © 新澄設計

163

燈光折射出每回光臨的不同心境

以透明的壓克力棒特製成現代時尚感的裝飾，不開燈時，天花就像寧靜的夜空，打開燈，光在壓克力棒間的投射與折射相互加乘，璀璨如銀河，光落在牆面金屬線條上顯得精緻，在彎曲摺線處形成的陰影則帶有優雅氣質，站在不同角度細細品味，每回都能有不同感受。

圖片提供 ©YHS Design 設計事業

照明器具／LED 燈泡

燈具材質／壓克力棒、魚線及部分鐵件作為吊掛功能

燈具價格／每平方公尺約 NT.10,000 元

照明器具／LED 燈條、投射燈
燈具材質／詳洽設計師
燈具價格／詳洽設計師

164

引人入勝的光影，交織幻想世界

粉紅色總是讓人和甜美氣質聯想在一起，但運用燈光，粉紅色也可以展現不同魅力。進入店面彷彿走入異想世界，燈光在這裡不只是照明，更為牆面做了不同明暗的調色，最明亮的焦點，是安置了 LED 燈條的展示層架，而天花投射燈穿透植物裝飾映照在牆面的影子，不僅成為優雅的點綴，也增添了魔幻色彩。

圖片提供 © 優士盟整合設計

165

間接投射出行走在竹林中的氛圍

此空間是特別為建材廠商展示特殊材料而打造的展示廊道，利用層板燈達到間接照明的效果，燈光投射在深淺色交錯的角材上，宛如竹節般拼整成一整面斜斜的展示牆，在光影的烘托下，為行走在其中的人營造出在竹林中漫步的氛圍與意象，充分達到展示的目的。

圖片提供 © 無有建築設計

照明器具／層板燈 _ 燈管（28 ／ 6500K）
燈具材質／鋁支架
燈具價格／約 NT.3,300 元（組）

圖解完全通 22

照明設計終極聖經【暢銷更新版】：

從入門到精通，超實用圖文對照關鍵問題，全面掌握照明知識與設計應用

作者｜ 漂亮家居編輯部
責任編輯｜ 何思潔、陳顗如
採訪編輯｜ 王莉姻、林媛玉、李寶怡、李芮安、許嘉芬、陳顗如、蔡婷如、鄭雅分、劉綵荷
行銷企劃｜ 李翊綾、張瑋秦
封面設計｜ 王彥蘋
版型設計｜ 莊佳芳
美術設計｜ 王彥蘋、白淑貞、鄭若誼

發行人｜ 何飛鵬
總經理｜ 李淑霞
社長｜ 林孟葦
總 編 輯｜ 張麗寶
副總編輯 ｜ 楊宜倩
叢書主編 ｜ 許嘉芬
出版｜ 城邦文化事業股份有限公司 麥浩斯出版
地址｜ 104 台北市中山區民生東路二段 141 號 8 樓
電話｜ 02-2500-7578
E-mail ｜ cs@myhomelife.com.tw

發行｜ 英屬蓋曼群島商家庭傳媒股份有限公司城邦分公司
地址｜ 104 台北市民生東路二段 141 號 2 樓
讀者服務專線｜ 0800-020-299（週一至週五 AM09:30 ～ 12:00；PM01:30 ～ PM05:00）
讀者服務傳真｜ 02-2517-0999
E-mail ｜ service@cite.com.tw
劃撥帳號｜ 1983-3516
劃撥戶名｜ 英屬蓋曼群島商家庭傳媒股份有限公司城邦分公司

香港發行｜ 城邦 (香港) 出版集團有限公司
地址｜ 香港灣仔駱克道 193 號東超商業中心 1 樓
電話｜ 852-2508-6231
傳真｜ 852-2578-9337

馬新發行｜ 城邦 (馬新) 出版集團 Cite (M) Sdn. Bhd
地址｜ 41, Jalan Radin Anum, Bandar Baru Sri Petaling,
57000 Kuala Lumpur, Malaysia.
電話｜ 603-9057-8822
傳真｜ 603-9057-6622
總經銷｜ 聯合發行股份有限公司
電話｜ 02-2917-8022
傳真｜ 02-2915-6275

製版印刷｜ 凱林彩印股份有限公司
版次｜ 2024 年 02 月三版 4 刷
定價｜ 新台幣 499 元

照明設計終極聖經【暢銷更新版】：從入門到精通，超實用圖文對照關鍵問題，全面掌握照明知識與設計應用 / 漂亮家居編輯部作 . -- 三版 . -- 臺北市：麥浩斯出版：家庭傳媒城邦分公司發行，
2019.09
面； 公分 . -- (圖解完全通；22)
ISBN 978-986-408-534-7(平裝)

1. 照明 2. 燈光設計 3. 室內設計

422.2 108014372

Printed in Taiwan